野の花だより三六五日 上

百花繚乱の春から木の葉いろづく秋

文・池内　紀
画・外山　康雄

はしがき

いよいよ春の到来、そして夏！　草花の勢いがいい。新芽、若葉とりまぜて山野に生気あふれ、むせ返るばかりだ。

幼いころ、なにげなく庭に野球のバットを立てかけていたところ、ある朝、気がついた、アサガオのつるが巻きついている。そっと外して、わきの垣根にのせたら、あくる朝には、もう二度と外されまいとでもいうように、何重にもなって垣根をしっかり巻きとっていた。

植物の生きる仕組みを見ていると、人間とそっくりの習性をもつことがよくわかる。植物の「こころ」にあたるもの、それをたしかめながらながめると、一段と興味がわいてくる。どんな草花にも、小さな物語がひそんでいる。

二〇〇六年　二月

池内　紀

はしがき……3

四月

桜　さくら……10
翁草　おきなぐさ……12
破れ傘　やぶれがさ……13
片栗　かたくり……14
黒文字　くろもじ……16
碇草　いかりそう……18
岩団扇　いわうちわ……19
東白金草　あずましろかねそう……20
土筆　つくし……21
大犬の陰嚢　おおいぬのふぐり……22
越路黄蓮　こしじおうれん……23
三椏　みつまた……24
猿捕茨　さるとりいばら……26
菊咲一輪草　きくざきいちりんそう……28
白根葵　しらねあおい……29
幣辛夷　しでこぶし……30
小哨吶草　こちゃるめるそう……32
深山黄華鬘　みやまきけまん……33
竜田草　たつたそう……34
岩梨　いわなし……35
丹頂草　たんちょうそう……36
一人静　ひとりしずか……37
三葉躑躅　みつばつつじ……38
小手毬　こでまり……40

五月

藤　ふじ・・・42
藤木　ふじき・・・43
磯菫　いそすみれ・・・44
大葉黄菫　おおばきすみれ・・・45
越後瑠璃草　えちごるりそう・・・46
燕万年青　つばめおもと・・・47
雪椿　ゆきつばき・・・48
花筏　はないかだ・・・49
萼裏白瓔珞　がくうらじろようらく・・・50
木通　あけび・・・51
岩櫨　いわはぜ・・・52
草橘　くさたちばな・・・53
草の黄　くさのおう・・・54
羅生門葛　らしょうもんかずら・・・55
瓜膚楓　うりはだかえで・・・56
駒草　こまくさ・・・58
山吹　やまぶき・・・59
類葉牡丹　るいようぼたん・・・60
白山千鳥　はくさんちどり・・・62
黒百合　くろゆり・・・63
上溝桜　うわみずざくら・・・64
深山桜　みやまざくら・・・65
蓮華草　れんげそう・・・66
地蝦根　じえびね・・・67
蝦夷花忍　えぞのはなしのぶ・・・68
岩桐草　いわぎりそう・・・69
水芭蕉　みずばしょう・・・70
狸蘭　たぬきらん・・・70
深山苧環　みやまおだまき・・・72

六月

山法師　やまぼうし・・・74
野薊　のあざみ・・・76
母子草　ははこぐさ・・・77
敦盛草　あつもりそう・・・78
熊谷草　くまがいそう・・・79
朱鷺草　ときそう・・・80
蔓蟻通し　つるありどおし・・・82
黄輪草　きりんそう・・・83
甘茶　あまちゃ・・・84
山紅葉　やまもみじ・・・86
木天蓼　またたび・・・87
虫取菫　むしとりすみれ・・・88
虫取撫子　むしとりなでしこ・・・89
瓢箪木　ひょうたんぼく・・・90
臼の木　うすのき・・・92
捩木　ねじき・・・93
金光花　きんこうか・・・94
越路下野草　こしじしもつけそう・・・96
羽蝶蘭　うちょうらん・・・98
日光黄菅　にっこうきすげ・・・99
雪の下　ゆきのした・・・100
九蓋草　くがいそう・・・102
紅額　べにがく・・・104

七月

苗代苺　なわしろいちご・・・・106
紅花　べにばな・・・・108
瑠璃玉薊　るりたまあざみ・・・・109
夕菅　ゆうすげ・・・・110
月見草　つきみそう・・・・111
毛氈苔　もうせんごけ・・・・112
蕺草　どくだみ・・・・113
山吹升麻　やまぶきしょうま・・・・114
銀竜草　ぎんりょうそう・・・・116
灰汁柴　あくしば・・・・117
小岩鏡　こいわかがみ・・・・118
早池峰薄雪草　はやちねうすゆきそう・・・・119
御前橘　ごぜんたちばな・・・・120
草連玉　くされだま・・・・121
捩花　ねじばな・・・・122
利尻雛罌粟　りしりひなげし・・・・124
蛍袋　ほたるぶくろ・・・・125
売子の木　えごのき・・・・126
弟切草　おとぎりそう・・・・128
信濃撫子　しなのなでしこ・・・・129
岡虎の尾　おかとらのお・・・・130
蝦夷の栂桜　えぞのつがざくら・・・・131
姫檜扇水仙　ひめひおうぎずいせん・・・・132
柿蘭　かきらん・・・・133
御山竜胆　おやまりんどう・・・・134
山杜鵑草　やまほととぎす・・・・136

八月

燕尾仙翁　えんびせんのう・・・・138
薄荷　はっか・・・・139
小葉擬宝珠　こばぎぼうし・・・・140
蓮華升麻　れんげしょうま・・・・141
鷺草　さぎそう・・・・142
木槿　むくげ・・・・144
猿滑　さるすべり・・・・145
悪茄子　わるなすび・・・・146
尾瀬水菊　おぜみずぎく・・・・147
竹縞蘭　たけしまらん・・・・148
河原母子　かわらははこ・・・・149
狐の剃刀　きつねのかみそり・・・・150
雁金草　かりがねそう・・・・152
丁子菊　ちょうじぎく・・・・154
待宵草　まつよいぐさ・・・・155
夏海老根　なつえびね・・・・156
木萩　きはぎ・・・・158
蕎麦菜　そばな・・・・160
屁屎葛　へくそかずら・・・・162
盗人萩　ぬすびとはぎ・・・・163
黄釣舟　きつりふね・・・・164
深山鶉　みやまうずら・・・・166
露草　つゆくさ・・・・168

九月

吾木香　われもこう……170
黄花秋桐　きばなあきぎり……172
葛　くず……173
白鬚草　しらひげそう……174
南蛮煙管　なんばんぎせる……175
小梅鉢草　こうめばちそう……176
実葛　さねかずら……178
田村草　たむらそう……179
山鳥兜　やまとりかぶと……180
岩菖蒲　いわしょうぶ……181
杜鵑草　ほととぎす……182
山路の杜鵑草　やまじのほととぎす……183
萩　はぎ……184
蔓穂　つるぼ……186
藤袴　ふじばかま……187
釣舟草　つりふねそう……188
彼岸花　ひがんばな……190
白花曼珠沙華　しろばなまんじゅしゃげ……191
土佐上臈杜鵑草　とさじょうろうほととぎす……192
麝香草　じゃこうそう……194
草牡丹　くさぼたん……196
犬蓼　いぬたで……197
夏櫨　なつはぜ……198

あとがき……201
索引……205

四月

候	日	節気
	1	
	2	
	3	
	4	
玄鳥至（つばめ、きたる）	5	清明（せいめい） 花は咲き、木の芽も芽吹く。陽射しはやわらかで、風はうららか。まさに春たけなわ。
	6	
	7	
	8	
	9	
鴻雁北（こうがん、かえる）	10	
	11	
	12	
	13	
	14	
虹始見（にじ、はじめてあらわる）	15	
	16	
	17	
	18	
	19	
葭始生（あし、はじめてしょうず）	20	穀雨（こくう） 暖かい雨がけぶるように降る。田畑も潤い、木々も育つ、種まきによい季節だ。
	21	
	22	
	23	
	24	
霜止出苗（しもやみて、なえいずる）	25	
	26	
	27	
	28	
	29	
牡丹華（ぼたん、はなさく）	30	

桜草（サクラソウ）
サクラソウ科の多年草。

4月1日・2日

桜

歌舞伎にサクラは欠かせない。「助六由縁《ゆかり》の江戸桜」、あるいは「義経千本桜」吉野山の場。幕が引かれていくにつれ、爛漫と咲き乱れるサクラの絵模様があらわれる。

紫の鉢巻きをキリリとしめたごぞんじ助六は、威勢のいい江戸っ子であるとともにサクラの使者といったものだ。歌舞伎作者もよくこころえていて、花魁《おいらん》という花の化身をお相手にあてがっている。吉野山の忠信は実のところ狐の子。奇怪な変身譚がいっこうにフシギとも思えないのは、百花繚乱のサクラがすでに、この世ならない世界を生み出しているからだ。

サクラ　バラ科サクラ属の総称／花期：3〜5月。葉に先立って、花が一斉に開花する。種類は百種ほど。日本を代表する花として愛されている。

4月3日

翁草

植物の「知性」について、もっと考えるべきではなかろうか。人間だけに備わっていると思いこんでいるが、そんなことはない。人間がまだ棍棒や弓にすがっていた時代に、草花はすでに滑車や巻き上げ装置を発明し、あざやかに使いこなしていた。

オキナグサは、小さな実を風にのせて遠くまで運ばせる。自然界の飛脚を使いこなして子孫をふやしていく。まさしく知恵深い翁のやり方というものだ。しかも入れ物はダンボールといった不粋な箱ではなく、気が遠くなるほど繊細な白い綿毛でくるんでいる。

オキナグサ　キンポウゲ科の多年草／花期：4〜5月。花が終わると、果実の先がのびて白い綿毛に覆われる。その様子を老人の白髪に見立てたことから名づけられたという。

4月4日

破れ傘

江戸の伊達男は「春雨《はるさめ》だ、濡れていこう」と気どったセリフを口にしたが、実のところ傘にもこと欠いていたのかもしれない。

竹と紙を組み合わせた番傘は、なかなか手のかかる細工物で、もっぱら提灯屋が骨組みをつくっていた。紙貼りは要領さえ覚えれば誰でもできる。主君をなくした浪人、つまり、リストラされたサラリーマンの領分だった。裏長屋でこっそり人目につかずにできる。ヤブレガサと対面すると、誇り高い困窮者の手間賃仕事を思い出したりして、春山歩きはいろいろとたのしいものである。

ヤブレガサ　キク科の多年草／花期：7～10月。早春の芽出しのころは破れた番傘に似ているが、葉は次第にひろげた掌（てのひら）のような形になる。

カタクリ　ユリ科の多年草／花期：3～4月。早春の山地の雑木林に群生し、雪国に春を告げる花として親しまれている。片栗粉はもともと、この地下茎を粉にしたもの。

4月5日・6日

片栗

甲州と越後の山で、カタクリの群生地を知っているが、誰にも教えない。雪解けを待って、こっそり出かけていく。どちらも登山口から一時間ばかりのところ、かなりのひろがりをもつ谷あいに、見わたすかぎりカタクリが芽を出している。

一つ一つは可憐だが、同じ生き物が、ある一定の量をこえると、呪術めいた迫力をおびてくるものだ。自分たちの仲間でもって地表を覆いつくそうという壮大な野心をもっているかのようである。幻を見ているようで、つい立ちつくしてしまう。あたりからしみ出た水がせせらぎをつくっていて、この水がカタクリを生み出したことがよくわかる。

4月7日・8日

黒文字

俳人小林一茶が書いている。幼いころ病気になったとき、祖母は看病しながら、一心不乱に唱えつづけた。「ねんぴんかんのん、ねんぴんかんのん…… 助けたまえ、たすけたまえ、とうじん、だんだんね……」

お経を自己流に声にしたのか、それとも祈りの呟きなのか。クロモジは幹に黒い斑点がちらばっていて、さらに「黒文字」といった漢字のせいもあり、何やら念仏を唱えているかのようだ。爪楊枝にしたときの匂いも、こころなしかお香に似ている。

クロモジ　クスノキ科の落葉低木／花期：4月。樹皮に黒い斑点があり、芳香があるので、皮のついたまま削って高級爪楊枝にしたりする。

4月9日

碇草

風のかげんで、いい匂いがする。ほんのかすかな甘い香り。どんな香水にも出せっこない微妙な芳香。どこからくるのか?

クンクンかいでまわってもわからない。よく見ると足元に白い小さな花があって、風にこまかく揺れている。船の碇《いかり》に似たイカリソウ。可憐なそぶりだが、もし微妙な芳香がこの花から出ているのだとすると、ワナを張っているのかもしれない。女性の場合もそうだが、一見可憐な人がしたたかで、美しいワナをしかけるものだ。

イカリソウ　メギ科の多年草／花期：3〜4月。船の碇に似た美しい花が咲く。サンシクヨウソウ（三枝九葉草）ともいう。

4月10日

岩団扇

山登りのとき、ダケカンバやシラビソの森のあたりがとりわけたのしい。樹間を縫っていく。光が微妙に変化する。足をとめ、吹き出した汗を拭っていて、まわりに目をやると、白い花弁が散っている。

名前がまたうれしい。「岩団扇《うちわ》」ときた。まったく一輪をとってあおぎたいところだ。イワウチワの見つかるところでは、なぜかきまってカッコウが鳴いている。刺すように澄んだ鳴き声がする。カッコウの君《きみ》も、白いウチワがお気に入りらしいのだ。

イワウチワ　イワウメ科の多年草／花期：4〜5月。関東以北の山地に生える。花は1本の茎に1輪。葉は丸く団扇のような形。

4月11日

東白金草

たしか「しじみ蝶」といった。しじみ貝のような模様をもつ蝶が、庭先をフワリフワリと踊るようにして飛んでいた。「かみなり蝶」というものもいた。雷鳴がとどろき、ひと雨サッと降ったあと、どこからともなくあらわれた。

誘われるようにして追いかけると、わざとじらすように頭上高く舞い上がり、屋根よりもなお高く飛んで、空気が固まったような一点となり、いつまでも浮いていた。アズマシロカネソウは、そんな昔の蝶がとまって、そのまま白い点になったみたいだ。

アズマシロカネソウ　キンポウゲ科の多年草／花期：4～6月。秋田から福井にかけての日本海側の山地の水辺に生える。花は淡い黄緑色で、1枚は赤紫色に近い色。

4月12日

土筆

ツクシは、誰もが幼いときに仲間になる最初の植物だろう。「スギナの赤ん坊」といった教え方をされるが、ツクシはツクシであって、断じてスギナなどではないと、自分では思っていた。

ハカマを取ると、いかにも丸はだかで、全身が淡い肉色をしている。赤ん坊から一足とびに老人になるぐあいで、みるまに筋ばってカサカサになり、頭からホロホロとくずれていく。そのうち、あんなに群がっていたのが影も形もなく、スギナが青々とあとを占めている。忍者にたぶらかされたぐあいである。

ツクシ トクサ科の多年草／花期：3〜5月。スギナの胞子茎。はかまの部分を取り、さっとゆでて卵とじなどにする。

4月13日

大犬の陰嚢

命名はむつかしい。新しい名前であれ、たいていはすでにある名の組み合わせ、あるいは日ごろ見なれたものからの連想による。はじめて「オオイヌノフグリ」と名づけた人は、きっと犬のお伴をもつ人だったのだろう。図体のわりにおとなしい犬で、お尻の下に大きなフグリをぶら下げている。

たしかに大切な品ではあろうが、通常は単なるお荷物で、歩くとき股ずれをおこしそうだ。オオイヌノフグリも実をつけたあとは、へんなのを抱きこんだぐあいで、こころもち、もてあましぎみにしている。

オオイヌノフグリ　ゴマノハグサ科の越年草／花期：3〜5月。花は青紫色で花後には実がなる。実の形は雄犬の陰嚢に似ている。

4月14日

越路黄蓮

花の色と形から「黄蓮」はわかるが、どうして「越路」が頭についたのだろう？古人はいつも恋しい人を遠いかなたに思いえがいたようだが、たしかにコシジオウレンは幻の恋人に似ている。

高山の花だから山好きにはおなじみのはずだが、実のところ、なかなか会ってくれない。高みにきたからといって、そこにいるとはかぎらない。探しても見つからない。そのくせ風をやり過ごすつもりで岩陰でしゃがんでいると、足元に星のような花をつけていたりする。からかい好きなところもまた、幻の恋人とそっくりだ。

コシジオウレン　キンポウゲ科の多年草／花期5～8月。日本海側の高山や深山のみに生える。ミツバノバイカオウレン（三葉梅花黄蓮）ともいう。

4月15日・16日

三椏

春風が吹き出すころ、山のあちこちが金粉をまいたような色をおびる。ミツマタが花をつけた。枝が三本に分かれるので「三椏《みつまた》」。花よりも、その枝が重宝がられた。樹皮から紙がつくれるからだ。

とりわけ土佐産のミツマタが上質とされていた。木が暖国特有の生気をもっていて、破れにくく、シワにも強い土佐紙の原料になる。昭和三十年（一九五五）ごろまで百円は紙幣だった。ピンとひげをのばした土佐人・板垣退助の顔が印刷してあった。

　百円紙幣の廃止の波に
　反対！反対！
　蹶起の声は土佐の山里におこり
　四国の山脈にこだました
（近藤慎二「三椏の花」）

硬貨が紙幣にとって代わり、土佐人退助の退場とともに土佐紙も急速に姿を消した。山里には痛手だったが、ミツマタには幸いである。折りとられ、皮を剝がれる恐れがない。人の姿が消えたあとの山に、こころゆくまで金粉をまきちらすことができる。そのこ

ミツマタ　ジンチョウゲ科の落葉低木／花期：3〜4月。枝が3本に分かれる。樹皮は製紙や紙幣の原料。シワにならず虫もつきにくい。

とも詩人が報告している。

じゃが見てみよ可愛い奴じゃ
おらんくの三椏ァ山一面に咲いたぞ

急な斜面の陽当たりのいい地形に多い。眩しいようなミツマタの花は「おらんく」特有の風土性をもっていて、遠くにながめていると、何やら郷愁に似た思いをかきたてる。

サルトリイバラ　ユリ科の落葉つる性低木／花期：4～5月。茎にまばらに棘があり、他の草木にからみついてのびる。実は10～11月に赤く熟す。

4月17日・18日

猿捕茨

猿が取るので「猿取茨」。そんなふうに教えられた。トゲがあるので猿のように上手に取らないとトゲに刺される。そんな意味だったのかもしれない。

茎は針金のように堅い。葉っぱの根元から糸のような巻きひげをのばす。それをまわりの植物にからませて這い上がっていく。立つためのエネルギーを極度にきりつめ、それを背をのばすのにまわすわけだ。省エネの天才である。

巻きひげと葉っぱは、上下の方向についている。だから葉の先っぽをつまみ、下に引くとハラリと取れる。この葉でカシワ餅をつつんだ。正確には「イバラ餅」だが、これだと口の中がイガイガになりそうで、誰も手を出さないだろう。

4月19日

菊咲一輪草

日光の射し落ちる林を歩いていると、白い点々が目にとまる。よく見ると、まっ白の花弁の中に淡い黄色が小さくのっている。一本の茎に一つの花、そのため菊咲一華ともいう。

学問的には花弁ではなく、がく片だそうだ。横に這って群生をつくるので、林間に純白の点々がちらばるわけだ。葉っぱがセリやシュンギクに似ており、つまみとって水炊きにあてたくなる。

キクザキイチリンソウ　キンポウゲ科の多年草／花期：2〜4月。ブナ林など落葉樹の下に生える可憐な花。別名：キクザキイチゲ（菊咲一華）。

4月20日

白根葵

水戸の黄門さまでは、ここぞのときに葵の紋章が登場した。アオイをかたどった徳川家の紋所であって、とたんに誰もが平伏する。かつてわが国で、もっともひろく知られていた花だった。

同じ葵でも、こちらは近年、栃木県の白根山で見つかった。カエデのような葉っぱに、淡い紅をおびたがくが四枚、開くと掌いっぱいにとどくほど大きい。大柄で明かるい女の子といった感じで、声をかけてからかいたくなる。陽射しのなかで風を受けると、まるで身をよじって笑っているようだ。

シラネアオイ　シラネアオイ科の多年草／花期：4〜6月。一属一種で日本固有の植物。日光の白根山ではじめて発見された。

シデコブシ　モクレン科の落葉低木／花期：3〜4月。葉に先だって花が咲く。花は注連縄（しめなわ）などに下げる紙飾り四手（しで）に似ている。

4月21日・22日

幣辛夷

コブシが咲くと壮観だ。天を覆うようにして枝一面に白い花をつける。ふつう花弁は六枚だが、それが九枚から十八枚と多くて、淡い紅色の花をつけるのがシデコブシ。四手とも幣《しで》とも書くが、シメナワについている紙飾りを思わせるところから、この名がついた。

農事暦では、コブシが咲き出したら眠っていた田に最初の鋤を入れる。そんなところから「田打ちザクラ」とも呼ばれている。かつてのお百姓さんは、おりおり野良仕事の手をやすめ、白いサクラをながめていたのではなかろうか。

4月23日

小哨吶草

花の本によっては「めだたない花」といった章を立てているのがある。どこにでもあったり、年中見かけたり、花が地味だったり。コチャルメルソウもそんな一つで、花自体が小さくて、白い。雪をかぶった中から出てきても、とんと人の目にとどかない。

めだたない人が知り合ってみると、いたって味わい深い人であったりするように、コチャルメルソウは一度なじむと忘れない。チャルメラになぞらえた人も、そんな体験の持主だろう。夜なきソバ屋が吹いていた小さなラッパ。白い花は、遠くで鳴っているチャルメラの音とよく似ている。

コチャルメルソウ　ユキノシタ科の多年草／花期：3〜4月。花はとても小さく繊細。花びらに切れこみが入り、反りかえった姿は、ラッパ（チャルメラ）に似ている。

4月24日

深山黄華鬘

「ミヤマ」のつく花はどっさりある。ミヤマエンレイソウ、ミヤマアズマギク、ミヤマクロスゲ、ミヤマナナカマド……。「深山《みやま》」の奥でひっそりと花をつける。

ミヤマキケマンは、「華鬘《けまん》」といった仏教くさい名前をつけられた。奈良の大仏さまでおなじみだが、小さな筒状になって頭に点々とのっかっている髪のこと。ミヤマキケマンの小さな黄色の花が頭のイボイボを思わせたのだろうか。それとも実になったとき、細長い数珠状につらなるので、そこから連想がひろがって仏教的なイメージにいきついたのか。

ミヤマキケマン　ケシ科の越年草／花期：4～7月。筒状の小さな黄色い花をたくさんつけ、細長い数珠状にくびれた実ができる。「深山」とつくが人里近くの山地に生える。

4月25日

竜田草

タツタソウは葉の形から「イトマキグサ」ともいうそうだ。これが風に揺れているのを見ると、詩人加藤介春《かいしゅん》を思い出す。知る人も少ないだろう。明治十八年（一八八五）、福岡に生まれ、昭和二十一年（一九四六）に死んだ。

この詩人によると、「風はおほきなあたまをした円い坊主」だそうだ。手もなく足もないバケモノで、象のようにノロノロ歩いていたかと思うと、やにわに水辺で消えたりする。口笛を吹いたり、小娘の白い足にいたずらをしたり、そっとあらわれてイトマキグサで糸巻きをしたり——。

タツタソウ　メギ科の多年草／花期：3〜4月。中国東北部、朝鮮半島北部が原産。葉の形が糸巻きに似ているので、イトマキグサ（糸巻草）ともいう。

4月26日

岩梨

ツツジ科の小さな木であって、地面に這うように生えている。葉が大きいので、きっとわかる。よく見ると枝の先っぽに小さな吊り鐘のような花がいくつもついている。花の先が五つに割れていて、内側に白い毛がある。

霧の深いころだと、白い毛に露がまといついて水滴になっている。まるで山気と一つになったぐあいである。そんなときカッコウの刺すように澄んだ鳴き声がひびいてくると、自分もまた山の気配と同化したような気がするものだ。

イワナシ　ツツジ科の常緑小低木／花期：4～6月。初夏に直径1～1.5cm程度の実をつける。味は甘酸っぱくナシに似た味がして美味。

4月27日

丹頂草

四月の末になっても、吹く風はどこか冷たい。ゆるやかに起伏した山並みに、見渡すかぎりひとけがなく、少しぬかるんだ山道に、いかなる獣ともつかぬ足跡が点々とつづいている。

そんな山旅はさみしいもので、ひとりで口笛を吹いたり、鼻歌を口ずさんだりしている。白い花が目にとまった。葉はヤツデに似ているが、ごく小さい。雪をはねのけておどり出たけはいである。いとしくなって足をとめ、しばらくながめていた。白い花に赤っぽい花粉が散っている。それが目を惹きつけたらしい。あとで調べるとタンチョウソウというのだそうだ。白い頭に赤をのせた丹頂鶴というわけだ。

タンチョウソウ　ユキノシタ科の多年草／花期：3〜4月。白い花が丹頂鶴を思わせる。葉はヤツデを小さくしたような形。別名：イワヤツデ（岩八つ手）。

4月28日

一人静

花の名で、これほど秀抜なのも少ないだろう。茎がスックとのびて、さらに葉のあいだから穂のように花序がのびて白い小花をつける。全体の印象が、まさしく「ヒトリシズカ」というわけだ。「静」が吉野御前を連想させて、別名がヨシノシズカ。

つぼみのときは四枚の葉でつつみこまれている。ある朝、くっきりとした目のように開いている。瞳は黄色。ながめるこちらをじっと見つめているぐあい。ころは春先、つい旅ごころに駆られるらしい。

一人静咲いで旅のことときまる（秋桜子）

ヒトリシズカ　センリョウ科の多年草／花期：4月。清楚な白い花が、静御前が吉野山で舞った美しい姿を思い起こさせる。

ミツバツツジ　ツツジ科の落葉低木／花期：4〜5月。葉は丸い菱形で、枝先に3枚ずつ生える。葉より先に花が開く。関東、北陸、東海、近畿に分布。

4月29日

三葉躑躅

ツツジが咲くと春たけなわ。ミツバツツジは燃えるような濃い紅色をしていて、花そのものは小さいが、ぎっしりとひしめき合って枝につき、山のあちこちに火の玉が散ったぐあいだ。

あきらかにニッポンの色である。ボンボリの明かり、歌舞伎に出てくる色町の女の衣服。その色に出会うと、何か懐かしい思いに駆られる。古人もやはりツツジから火を連想をしたようで、ツツジの満開の季節を「山が燃える」といった。紅葉が秋の火とすると、ツツジは春先の艶やかな山火事である。

4月30日

小手毬

よその家の垣根からのぞいていたりする。垂れた枝一面に白い花が咲きつらなって、遠くからだと、まっ白な水流が走っているように見える。まるで花の白滝だ。

小さな花がもつれ合うような丸みをつくっていて、その優雅な気風が小さな手毬を思わせたのだろう。都の庭などに似合っており、古くから植えられてきたにちがいない。お花の世界では「垂れもの」といわれ、「しだり物は多分上へつかうべし」。玄関先に四方へ垂れる形でいけてある。たしかに片方ばかりだとへんなぐあいだ。手毬が一方へすっとんでいく感じ。

コデマリ　バラ科の落葉低木／花期：4～5月。枝は細く先が垂れ、葉とともに小さな白い花が球状に集まって咲く。庭や公園によく植えられている。

五月

	1	
八十八夜	2	
	3	
	4	
端午（たんご）	5	**立夏**（りっか）山は若葉に覆われ、緑が眩しい。風もさわやかに薫り、少し夏のけはいがする。
	6	
蛙始鳴（かわず、はじめてなく）	7	
	8	
	9	
蚯蚓出（みみず、いずる）	10	
	11	
	12	
	13	
	14	
竹笋生（たけのこ、しょうず）	15	
	16	
	17	
	18	
	19	
	20	
蚕起食桑（かいこおきて、くわをはむ）	21	**小満**（しょうまん）麦の穂実る、心地よい季節。水を張った田圃では、田植えがはじまっている。
	22	
	23	
	24	
	25	
紅花栄（べにばな、さかう）	26	
	27	
	28	
	29	
	30	
麦秋至（むぎのとき、いたる）	31	

戸隠升麻（トガクシショウマ）
メギ科の多年草。

5月1日

藤

公園や寺の境内などで藤棚に行きあわせると、それだけで幸せな気分になるものだ。下にしっかりしたベンチがあると、なおのことうれしい。手すりも背もたれもない床机式で、ちょいとお尻をのっけて頭上の藤を見上げている。薄紫の花が、ふさのかたちに垂れている。なぜか、それだけで絵になる。細い木漏れ陽が劇場のライトを思わせ、女性の場合だと、そこにいるだけでグンと美しく見える。

その昔、「お見合い」といった制度が健在だったころ、見ず知らず同士が、しばしば、藤棚を目じるしに出会いをもったらしい。仲介役の人間通が、藤の花の効用をよくこころえていたせいにちがいない。

フジ　マメ科の落葉つる性低木／花期：4〜5月。山野に自生。丈夫なつるを高木に巻きつけてのびる。長いふさのように垂れた藤色の花は、上から順にゆっくりと咲いてゆく。

5月2日

藤木

なんの変哲もない町である。車だと五分もかけずに走り抜ける。山があって、川が流れていて、その川沿いにときおり小さな集落があらわれる。ほかに何もない。食堂一つない。

そんな町の山陰《やまかげ》にフジキの大木がそびえていた。樹齢数百年。いつのころから枝を繁らせているのか里の人にもわからない。名木として記念物に指定されてもよさそうなものだが、わざわざ申請する人もいないらしく、ただそこにあるだけ。なぜか印象深く覚えている。走り去る車から振り返った。その木があるだけで、風景が威厳のあるたたずまいをおびていた。

フジキ　マメ科の落葉高木／花期：6～7月。小葉は藤に似ているが、成長すると高木になり、天然記念物に指定されている巨木もある。別名：ヤマエンジュ（山槐）。

5月3日

磯菫

セナミスミレともいうのは、海辺の砂浜に生育するからだ。ふつうスミレは可憐なけはいをただよわせているものだが、こちらは磯にとどろく「瀬波」を聞きながら生長するせいだろう。葉は厚く、根分けをしながら一メートル四方にも大きくひろがって、たくましい。花も大きくて二センチ以上あり、短い柄がついている。がっしりとして健康そうな浜手の娘といった感じ。

夕陽が沈むころ、ひとけない浜辺にすわっていて、すぐかたわらに咲いているのに気がつくと、ちょいと花弁をつつきたくなる。娘の赤い頬をつつくぐあいだ。

イソスミレ　スミレ科の多年草／花期：4〜5月。濃淡さまざまな紫色の花は大きく、色鮮やか。海岸の砂地に自生。新潟県瀬波海岸で発見された。

5月4日

大葉黄菫

スミレにはいろんな種類がある。自生地の風土に応じるなかで、多くの亜種を生み出してきた。生きのびる知恵のしるしでもある。オオバキスミレはその名のとおり、「大葉」に特徴がある。黄色の花をつつむように三枚の大きな葉、ハート形で、ふちに小さなギザギザ。三枚葉は上下に離れて三方にひろがっている。

雪の多い地方の花であって、乏しい太陽を、より効率的に受けとめるために、このように進化したのだろう。花も大きめ、三センチちかくになる。吹く風はまだ冷たくても、大きな葉っぱと大柄な花は陽射しを受けてあたたかい。

オオバキスミレ　スミレ科の多年草／花期：5〜7月。日本海側の多雪地の低山に群落をつくる雪国のスミレ。環境への適応幅がひろく、各地にいろいろなタイプが見られる。

5月5日

越後瑠璃草

ルリは漢字で「瑠璃」。梵語の音に文字をあてたもの。「七宝」の一つで紺色の宝石を指した。そこからルリ色の花にあてられてルリソウ。越後は雪国であって、大雪の年には積雪数メートルにもなる。

春とともに、いっせいに溶ける。あれだけの雪が、いったいどこに消えたのか不思議なほどだ。その直後に芽を出して、花をつけるのがエチゴルリソウ。はじめはピンクがかっていたのが、しだいにルリ色に変じていく。消えた白雪が、この色に凝縮されたかのようにあざやかな色調をおびている。

エチゴルリソウ　ムラサキ科の多年草／花期：4〜6月。山地の林に生えるルリソウの変種。咲きはじめは淡いピンク色で、やがて鮮やかな瑠璃色になる。

5月6日

燕万年青

オモトは庭におなじみだが、ツバメオモトは山に行かないと出くわせない。葉はオモトだが、幅が狭まっていて、根元へいくほど細くなる。形がツバメの尻尾と似ている。葉のひろがりとくらべて、花は小さく、茎の先に一つ、あるいは数個が、可愛いブローチのようについている。針葉樹林の小暗いなかでは、その白さが印象的だ。
花が消え、すっかり忘れていたころ、まん丸い実をつけて人を驚かせる。二、三本の筋が入っていて、アメ玉のようにしゃぶりたくなる。ためしに口に入れたことがあるが、その苦さに舌がひん曲がった。

ツバメオモト　ユリ科の多年草／花期：5～7月。名の由来は葉がオモト（万年青）の葉に似ていることと、果実の黒藍色をツバメの頭に見立てたことから。

5月7日

雪椿

ユキツバキは知恵深くて我慢強い。冬のあいだは雪の下に埋もれている。キツネや山ウサギの足跡が点々とつづくところ。下にツバキが埋まっているなどと誰も思わない。地表は吹雪いたり、凍りついたりするが、雪の中は、遭難したとき雪洞を掘って避難するように、むしろあたたかいのだ。湿りけも一定で、雪のふとんで守られている。

春がきて、厚いふとんをはねのけるころ、ユキツバキが花をつける。血のように赤い花であって、それは雪中の時間が丹精こめて生み出したぐあいなのだ。

ユキツバキ　ツバキ科の常緑低木／花期：4〜5月。多雪地帯の山地に生える。冬の間は湿度と温度が保たれる雪の下で越冬し、雪解けを待って赤い花をつける。

5月8日

花筏

ハナイカダはひと目でわかる。街路樹で見つけて、つくづく見とれたりする。なんともフシギな木であって、葉のまん中に花をつける。葉っぱに鼻がついたぐあいだ。はじめは子供の鼻のようにチンチクリンだが、そのうち大きくなって、芥川龍之介の小説「鼻」に出てくる和尚の大鼻を思い出させる。それは先っぽが赤紫色をしていたようだが、ハナイカダも秋になると紫がかった実をつける。古人はつつしみ深く鼻ではなく筏《いかだ》に見立てた。木の葉型の小舟をあやつる筏船というわけだ。

ハナイカダ　ミズキ科の落葉低木／花期：5〜7月。葉のまん中に花が咲き、秋に黒くて丸い実をつける。葉を筏に、花を筏師に見立てた。

5月9日

萼裏白瓔珞

ヨウラク（瓔珞）は仏像や天蓋に見かけるもので、宝石や貴金属をつないだ飾り物。インドの女性が白い衣の上につけていて、ハッとするほど美しいが、あの装身具が発祥のようだ。ツツジの一種だが、ピンクの花が鐘状に垂れて咲き、春山のとびきりの装身具である。人間のアクセサリーも、デザイナーがさまざまな工夫をこらして新商品を生み出すが、自然界でも同じこと。気のせいか変種はどこか、とり澄ましたような雰囲気があるものだ。

ガクウラジロヨウラク　ツツジ科の落葉低木／花期：5〜6月。筒状鐘形の花は淡紅色で先が濃くなっている。ウラジロヨウラクの変種で、がくが長い。

5月10日

木通

アケビの花は可憐である。つるに点々と薄紫の花弁をつけて、肌寒い風につるがゆらゆら揺れるにつれ、花が話しかけているように見える。そのうち葉が繁り合い、秋になって葉が落ちると、大きな卵形の実がなっている。あの可愛い花が、どうやってこの重量感のある実に変貌したのか、まるでわけがわからない。
アケビの実は白い果肉が独特の甘味をもっていて、舌をよろこばせる。しかし、見た目は果肉をつつんで、無数の黒い毛虫がひしめいているぐあいなのだ。この実をはじめて食した人は、大の変わり者か、よほど飢えていたのではあるまいか。

アケビ（ミツバアケビ）　アケビ科の落葉つる性低木／花期：4～5月。実は9～10月ころ。半透明の果肉は食用だが、種子が多く食べにくい。つるは丈夫で、籠の材料となる。

5月11日

岩櫨

ハゼはウルシ科だが、イワハゼはツツジ科。別名が「アカモノ」、実が熟れると、まっ赤になり、食べられるせいだろう。花は純白で、吊り鐘の形をしている。山でも高地のあたり、岩の窪みなどに、しがみつくように生えている。

卵形の葉がやや厚いのは、高地の気候に耐えるためだろう。裏はザワついていて、短い毛がついている。いかにも「武装」した感じで、そこから乾坤一擲《けんこんいってき》といったぐあいに純白の花を送り出す。まっ赤な実は、この世の賭けに勝ったしるし。そんないさぎよささを感じさせる。

イワハゼ　ツツジ科の常緑小低木／花期：5～7月。白、もしくは淡桃色の鐘形の花が下向きに咲く。花後に甘く赤い実がなる。別名：アカモノ。

5月12日

草橘

白い蝶がヒラヒラ飛んでいて、不意に消えた。見ると、白い小花が散っている、クサタチバナ。ミカン科のタチバナは白い花をつけるが、草花のタチバナであって、白い蝶が舞い下りたくもなるだろう。花が蝶に、そして蝶が花になったぐあいで、もしかすると蝶の羽は花弁をそっくりいただいたのかもしれない。と見るまに風に乗って、またヒラヒラと飛び立った。昼下がりに花が夢をみて、虚空にさまよい出たかのようだ。

クサタチバナ　ガガイモ科の多年草／花期：5～7月。長楕円形の白い小花がミカン科のタチバナの花にそっくりなことから名前がついた。

5月13日

草の黄

「草の王」とは、またへんてこな——と、まちがって覚えていた。「草の黄《おう》」であって、花の色もさることながら、つぶすと黄色い汁が出るところから名がついた。草地一面に咲いていると、黄色の蝶の大群を見るようで壮観だ。ケシ科の植物に多いが、これも薬効をおびていて、丹毒に効く。「瘡《くさ》の王」でもあるわけだ。瘡は梅毒の俗称でもあったから、昔の遊び人や瘡掻きは、この王さまのお世話になっていたわけだ。

クサノオウ　ケシ科の越年草／花期：5～9月。クサは「瘡」のことで、皮膚病を総称する。皮膚病を治す薬草の王さまとされた。葉を切ると黄色の毒汁が出る。

5月14日

羅生門葛

ツタ類を総称してカズラというが、いろんな種類があって、命名に苦労したのだろう。そんなとき身近な何かになぞらえるもので、ラショウモンカズラもその一つ。

昔ばなしによると、かつて京の九条の羅生門に鬼がいて、夜な夜な人を襲う。源頼光の四天王とうたわれた渡辺綱が、みごと鬼の腕を切り落とした。幸か不幸か花冠が鬼女の腕に似ているところから、ラショウモンカズラの名がついた。巌谷《いわや》小波《さざなみ》の『日本昔噺』は明治の大ベストセラーであって、誰もが絵本によって鬼の姿を知っていた。箱に入れられていた腕を鬼が取り返しにきて、なおのこと印象深く記憶に刻まれていたらしい。

ラショウモンカズラ　シソ科の多年草／花期：4～5月。花は4～5cmと大きめで鮮やか。花冠の形を京都の羅生門で渡辺綱が切り落とした鬼女の腕になぞらえた。

5月15日・16日

瓜膚楓

カエデは、「蛙手《かえるで》」からついたという。たしかに葉は掌《てのひら》のかたちに似ている。「楓」と書くのは風を受けると、いっせいにそよぎ立つように見えるからのようだ。

ウリハダカエデは樹皮がウリに似ている。緑の上に黒斑がちらばっている。高木であって、ふだんは目にとまらないが、五月の花のころは淡い黄色の花が垂れ下がり、つい足がとまるものだ。芝居のはじまりに、フサつきの幕がスルスルと上がったぐあいだ。時もよし、春の盛り、カエルのように高跳びして、花をつついてみたくなる。

ウリハダカエデ　カエデ科の落葉高木／花期：5月。樹皮は緑色で黒斑がある。葉はほぼ五角形で、ふちに不ぞろいの重鋸歯。花は淡黄色で垂れ下がる。

5月17日

駒草

コマクサと出会うためには長い道のりが必要だ。二千メートルの高み、植物よりも鉱物の世界に入りかけたころ、岩かげにちらりとのぞく。強風に土が吹きとばされて砂礫だけになったあたり、あるいは岩場の窪みのわずかに大地と接したところ。灰青色の細い葉が玉状に盛り上がった中から、細い茎がのび、まっ赤な花、そこに白花がまじっている。

横からながめると、たしかに駒（馬）の顔に似ている。コマクサほど生き物のフシギを思わせるものも少ないだろう。どうしてこのような悪環境を好むのか。また、これほどの悪条件にもかかわらず、どうしてこんなに精妙ないのちが生い出るのか。

コマクサ　ケシ科の多年草／花期：5〜6月。高山帯の荒涼とした砂礫地をいろどる「高山植物の女王」で、めったにお目にかかれない。花の形をウマの顔にたとえた。

5月18日

山吹

日本人にもっとも親しい花の一つにちがいない。春とともに山野にひろく咲き乱れる。庭に移され、観賞用になったものは同じ黄色でも白にちかいものから、濃い橙色まで、ニュアンスがさまざまだ。

とりわけ親しい花になったのは、観賞の風流よりも、眩しい輝きによってではあるまいか。江戸の人には、これはもっぱら「山吹色の小判」を思わせた。この色は人をよろこばせ、また迷わせ、悪の道にも誘いこんだ。

ヤマブキ　バラ科の落葉低木／花期：4～5月。日本各地に分布し、山地の谷川沿いに生えるほか、庭園でもひろく栽培される。山吹色はこの花の色からついた。

ルイヨウボタン　メギ科の多年草／花期：4〜6月。葉がボタンの葉に似ている。花のように見えるのは黄緑のがくで、中央の小さな黄色い部分が花。

5月19日・20日

類葉牡丹

葉はなるほど、ボタンに似ている。しかし、花はまるきりちがっていて、小さな黄色のバッヂのように、六枚花弁のくっきりとした造型をしている。バッヂだと議員や会社くさくてイヤなものだが、自然の造型は清楚でいて、同時にしっとりしたあでやかさをおびている。

五月の黄色の花が秋になると、青い実をつける。枝分かれした花とぴったり同じところに、まっさおな丸い頭を並べていて、なんともほほえましい。花の精がチチンプイプイといって化けたぐあいだ。

5月21日

白山千鳥

山の湿原などできっと目にする。めだつからだ。緑の茎の先端に濃い紅色の花がいくつもひしめいていて、遠くからだと炎が燃え立っているかのようだ。ためしに植物図鑑によると、「花序は数花、がくは３脈あり、唇弁は内面に細突起があり、上縁３裂、花被片は長鋭尖頭」。

植物学の用語づくめで、何のことやらわからないが、花びらが複雑な形らしいことはよくわかる。「長鋭尖頭」は花弁の先っぽが鋭く尖っていることだろう。そのせいで、メラメラと炎が立っているように見える。昔の人は翼をひろげた千鳥に見立てた。いわれると紅色の千鳥が群がっているようでもある。

ハクサンチドリ　ラン科の多年草／花期：6〜8月。左右に羽をひろげたような花姿が、飛んでいる千鳥を思わせる花。本州中部以北の高山草原に生える。

5月22日

黒百合

ある世代以上は、かつての流行歌でおなじみだ。「クロユリは恋の花、愛する人に捧げつつ――」。どうしてクロユリを恋の花に任じたのか、作詞家に聞いてみないとわからないが、少なくとも北海道で思いついたのではないことはたしかである。

エゾクロユリでは、黒褐色の花が大きく、茎につく花数も多いが、花の本に「匂いはよくない」とあるように、とても恋を誘う香りではない。湿っぽい草地に入りこんで、何やらむかつくような匂いが漂ってきたら、エゾクロユリの群生地と思えばいい。とはいえ、凋れかげんの花びらは、終わりにちかい恋の様相とウリ二つではある。

クロユリ　ユリ科の多年草／花期：6〜9月。ユリのような形の黒っぽい花が咲く。匂いで虫を呼ぶ虫媒花だが、その匂いは悪臭。本州中部以北の高山草原に生える。

5月23日

上溝桜

結婚する両名を「花嫁」「花婿」と呼ぶ。花にたとえる呼び方は、くわしく調べたわけではないが、世界でもあまりないのではあるまいか。新しい生命体のはじまりの二人は、いっせいに花開く時節にも応じている。そこにサクラが錦上の花を添えるわけだ。

ウワミズザクラでは、白い小花が穂のように咲き匂う。もともとは観賞用ではなく、青い実をとって塩漬けにした。花嫁がひとりきりで、何やらもの思いにふけるのにぴったりの裏庭などに植わっていたものである。

ウワミズザクラ　バラ科の落葉高木／花期：4～5月。白い小さな花が集まり穂のように咲く。新潟では花が咲く直前のつぼみの塩漬けを杏仁香（あんにんご）と呼び賞味する。

5月24日

深山桜

春山の終わりかけ、緑ひと色の山並みに白いかたまりがちらばっているのはミヤマザクラだ。すぐに汗ばんで、のべつ休みたくなる山道の気前のいいゴホービといった感じ。我慢して黙々と登りつめ、ヨッコラセと腰を下ろしたら、頭上に枝を差しかけている。白い天然のパラソルであって、これほど豪勢な日陰もない。

いずれサクランボのような実をつけるが、小鳥は苦いことをよく知っていて寄りつかない。人間のうちの食いしんぼうが、しめしめとたぐりとる。あとはただ口がひんまがるだけ。

ミヤマザクラ　バラ科の落葉高木／花期：5～6月。北海道から九州までの深山に自生。葉よりもあとにふさ状に集まった白い花が上向きに咲く。果実は紅紫色で、果肉は苦い。

5月25日

蓮華草

レンゲ畑に寝ころがった思い出のある人は幸せだ。びっしりと密生したレンゲソウは、ペルシャ絨毯よりもやわらかい。顔を伏せると花の匂いがした。草の匂い、また土の匂い。すべてがまじり合って、むせるような生気をつたえてくる。

仰向けになると、うらうらとした春の空。ヒバリがさえずっている。耳もとにミツバチの羽音がする。レンゲ畑がひろがり、かなたに農家の屋根と白壁の土蔵。世界的にも、とびきり美しい農村風景だったが、残念ながら、めっきり見かけなくなった。

レンゲソウ　マメ科の越年草／花期：4～6月。正式和名は「ゲンゲ」。かつては水田の肥料として利用され、ゲンゲ畑は春の風物詩だった。よい蜜源でもある。

5月26日

地蝦根

ラン科の花は、色とつくりが大柄なせいだろう、どこであれ目にとまる。ジエビネは林の繁みにあって、横向きに花をつけるので、上からだと見すごしやすいが、そのかわり一度目にとまると、小暗いなかでも、すぐに気がつく。

ジエビネなどとジジむさい名がついたのは、球根のかたちがエビの背中に似ているからで、花は暗やみでも浮き立つように華やいでいる。顔を近づけ、つぎには顔を横にねじまげて対面する。まさしく「対面」といった感じなのだ。

ジエビネ　ラン科の多年草／花期：4〜5月。林中に生え、花は横向きに咲く。小さい球根と大きな球根が並んでいるのが海老の背中に似ている。エビネの別名。

5月27日

蝦夷花忍

北の森のいとしい草花である。北海道の河原や森の周辺、岩の多いところ。高さは大人の腰ぐらい。長い茎の下から上に葉がしだいに小さくなる。先端に淡い青紫の花。花冠が五つに裂けて、繊細なレース状の五片が、舞うようにして陽をあびている。

同じ花が、さらに北にいくと、花弁が厚みをもち、茎も太くなる。土地に同化するなかで変化したのだろう。名前もカラフトハナシノブ、ヒダカハナシノブと区別されている。短い夏の、そのまたほんのいっときの花。それだけ陽をあびた姿が愛らしくてならない。

エゾノハナシノブ　ハナシノブ科の多年草／花期：5〜8月。北海道に自生する。青紫色の美しい花は、先が5つに切れこんでいるが基部はくっついている。葉はシダ状。

5月28日

岩桐草

岩場は鉱物の世界だが、そこにもけなげな植物がいるものだ。「イワ」のつく花たちで、イワギリソウもその一つ。栄養が乏しく、風にさらされていて、こよなく条件は悪いのに、好んでそんなところに自生する。キリの花に似て、淡い紫の花が十輪ばかり垂れて咲く。

風を避けて岩かげに這いこみ、しゃがんで休憩しているあいだ、見るともなしにながめていた。写真にとると、臨場感が失せてつまらない花になる。だから目にやきつけるにかぎる。花弁の一つ一つが、実にもうあきれるほどの精巧な形をもっている。植物の世界でも、悪条件が造型意欲をそそるらしいのだ。

イワギリソウ　イワタバコ科の多年草／花期：5〜6月。1本の花茎に紅紫色の花を10輪ほど、下向きにつける。おもに岩場に自生し、キリの花に似ている。

5月29日 水芭蕉

ミズバショウとくれば尾瀬であり、「夏の思い出」である。とりわけ芽ばえどき、さ緑の葉並びは息を呑むほど美しい。まさしく初恋の初々しさ。「夏の思い出」は初夏の尾瀬でなくてはならぬ。

というのは、この花ときたら、もともとがサトイモ科であることからもわかるように、グングンのびて、ゾッとするほど大きくなる。歌だけで知っていた人は、実物を見ると、愕然とするのではあるまいか。土地によって「ヘビノマクラ」の名があるが、ニョッキリと棒状にのびた花序は、ヘビがマクラにしたがりそうだ。

5月30日 狸蘭

五月の風と渓流とはよく似合っている。肺が澄み返るほど清々しい。ただ涼風がどこから吹いてくるのかというと、よくわからない。

ミズバショウ　サトイモ科の多年草／花期：5〜7月。花に見えるのは白い仏炎苞で、小さな花がびっしりついた棒状の花穂を抱く。花後の大きな葉がバショウに似る。

上流からなのか、上空からなのか、下手からか、水から湧いて出るのか。あるいは谷の曲折につれて往きつもどりつしているのか。

湿った岩場にタヌキランが生えていて、穂のように丸まった花が、ゆるやかに揺れている。うつむきかげんに垂れたのもあって、こちらはお辞儀をしているぐあいだ。タヌキの尾になぞらえた名前だろうが、おどけ者がここちよい風をあびて、ウトウトしているようにも見える。

タヌキラン　カヤツリグサ科の多年草／花期：5～7月。本州中部以北の山地の湿った崖などに生える。茎から狸の尾に似た花が数個垂れる。蘭の名がつくがラン科ではない。

5月31日

深山苧環

幼いころにキンポウゲを教わった。金色の小さな花で、毒をもつという。キンポウゲといったフシギな名前が記憶にしみついた。

ミヤマオダマキはキンポウゲ科の多年草だから、親戚筋にあたるのだろうか。青紫の花につつまれ、花弁がまっすぐにのび、淡い黄色をしている。夜のパーティーのドレスのように華やかだ。古人は「苧環」、つむいだ麻糸を巻いた玉を連想したらしい。山深いところで遭遇するので、なおのこと高貴なものの化身のように思えただろう。

ミヤマオダマキ　キンポウゲ科の多年草／花期：5〜8月。外側の青紫色部分はがくで、花は内側の乳黄色の部分。みずみずしい青緑が気品のある高山植物。

六月

	1	
	2	
	3	
	4	
	5	
螳螂生	6	**芒種**（ぼうしゅ）
（かまきり、しょうず）	7	汗ばむような陽射しのもと、
	8	木陰に草が生い茂る。梅雨入
	9	り間近。稲も育っている。
入梅	10	
腐草為蛍	11	
（くされたるくさ、ほたるとなる）	12	
	13	
	14	
	15	
梅子黄	16	
（うめのみ、きばむ）	17	
	18	
	19	
	20	
乃東枯	21	**夏至**（げし）
（だいとう、かるる）	22	昼がもっとも長く、夜がもっ
	23	とも短くなるころ。長くしと
	24	しとと雨は止まず降り続く。
	25	
	26	
菖蒲華	27	
（あやめ、はなさく）	28	
	29	
	30	

姫早百合（ヒメサユリ）
ユリ科の多年草。

6月1日・2日

山法師

庭にヤマボウシがある家《いえ》は幸せだ。開花の時期になると、まっ白な頭巾姿の法師たちがあらわれる。かたまりをつくって居並んだぐあいだ。とりわけ朝のひととき、純白が初々しい。小鳥たちにも眩しいように見えるらしく、舞い下りかけてから、あわててカーブを切って横木にとまる。誰の作だったか、たしか「朝鳥に花ちりばめぬ山法師。」

ヤマボウシ　ミズキ科の落葉高木／花期：5～7月。白い頭巾をかぶった山法師を連想させる。初夏の山を白くいろどるその姿は壮観である。

頭巾を思わせるのは四枚の苞であって、花自体は小さな四弁花である。秋になると実をつけて、熟すと食用になる。木質がつまっていて下駄や櫛や農具の柄に使われてきた。なんとも働きのいい法師様なのだ。

6月3日

野薊

アザミ属は種類が多く、全部を数えると二五〇種にもなるらしい。ふつうはノアザミのように小ぶりだが、背高ノッポもいれば刺のある葉を雄大にひろげるのもいる。それぞれの与える印象からオニアザミ、ノハラアザミといった呼び名がついたのだろう。

まっ赤な花と刺のある葉の対比が鮮明で、草花の造形のたくみさにつくづく感心する。野にあるだけでは惜しいと考えた人がいたのだろう。ノアザミを栽培して改良したのがハナアザミ。別名ドイツアザミというのは、ドイツ産らしい。いけ花に使われるノアザミは、たいていこちらだと聞いたことがある。

ノアザミ　キク科の多年草／花期：5〜8月。葉は花期でも枯れず、鋭い刺が多い。美しい花だと思ったら刺があり驚かされる。

6月4日

母子草

ハハコグサは葉の両面に白い綿毛をもっていて、全体がやわらかげで、やさしい。そんなところから「母子」の名がついたのだろう。花も小さな卵形で、子供をつつみとったのにそっくり。

母子があって父子はないのか？　調べていると見つかった。ヒメチチコグサ（姫父子草）といって、同じころに湿った畑や荒地に生える。綿毛の点でも小さな花も同じだが、全体がどこか荒けずりで、むくつけな感じがする。そのぶんたくましいのか、北海道や本州の北部に多い。春の七草にハハコグサはゴギョウの名で入っているが、チチコグサはのけもの。

ハハコグサ　キク科の越年草／花期：4～6月。春の七草の1つ（ゴギョウ）。株のひろがりを這う子で「ハハコ」、または優しい母のイメージからなど。

6月5日

敦盛草

敦盛と熊谷。春から初夏にかけて、若武者と荒武者が草原におっとり出てくる。まずは平家の公達《きんだち》、平敦盛ことアツモリソウ。葉は長い楕円形で、先端が尖っている。槍よけの楯のようにも見える。根っこは鞘状。花が勇ましい。球形の袋に唇弁《しんべん》つき。薄紅の筋が走り、そこから古人は若武者のおシャレな母衣《ほろ》を連想したのだろう。

なんとも大胆、かつ珍妙なかたちの花であって、若手のデザイナーが思いつきそうなスタイルである。山地に点々と咲いていると、ゾクゾクするほど幻妙な光景をつくるものだが、盗人に狙われて、めったに見られなくなった。

アツモリソウ　ラン科の多年草／花期：5〜6月。下側の花びらを平敦盛の母衣（武具）に見立てた。血に染まった母衣の色を表している。

6月6日

熊谷草

おつぎは源氏の荒武者、熊谷直実《くまがいなおざね》にあやかるクマガイソウ。歌舞伎「一谷嫩軍記《いちのたにふたばぐんき》」では、直実は敦盛を首尾よく組み伏せたが、あえて命はとらず、わが子小次郎を犠牲にして、その首を敵の若武者と称して差し出した。

「やあ、愚か愚か、このたびの戦い――」

武士道を立てることの無常をさとり、出家して諸国行脚に出る。

クマガイソウの花は淡い紫に紅色の筋がある。袋状をした上に網がひろがったように見え、はれ上がった目玉で一心に悲しみをこらえているようでもある。

クマガイソウ　ラン科の多年草／花期：4～5月。下側の花びらを、源氏の武将熊谷直実の母衣に見立てた。ラン科植物の中でも最大級の花。

トキソウ　ラン科の多年草／花期：5〜7月。湿地に自生し、横向きのトキ色の花を一輪つける。トキ色は、朱鷺が翼をひろげた際に見える翼下面の淡いピンク色。鴇草とも書く。

6月7日・8日

朱鷺草

湿原にはたいてい木道がわたしてあって、中には入れない。目のとどくぎりぎりのところに、小さな、美しい花が、首をかしげるようにして咲いている。直立した茎の中ほどから葉がのびて、細い両手をのばしたぐあいだ。茎の先に花が一つ。桃色の花弁に紅じまの唇弁。太陽のぐあいで首をかしげたようになる。

朱鷺《とき》といわれれば、たしかにそのようにも見える。ラン科の花に特有の華やぎとアダっぽさ。木道から首をのばし、へっぴり腰でながめている。モテない男が未練げに立ち去りかねているのと似ている。

6月9日

蔓蟻通し

林の地面を這っているので、なかなか目にとまらない。細い茎の節から根をのばして、いたってたくましい。たしかに蟻はせっせと歩いてきて、節や根に通せんぼをされ、一時停止するだろう。びっしりひろがっていてもアリ通しの隙間はある。

茎の先に白い花が二つずつあって、大門の飾りのようだ。まっ白な花に代わってまん丸い実がつき、熟するとまっ赤になる。少し意地悪に地面を覆うかわりに、門の飾りをにぎやかに取り代えてくれる。

ツルアリドオシ　アカネ科のつる性常緑多年草／花期：6〜7月。山林の日陰に生える。白い筒形の花が2個並んで咲き、秋に一体となって丸くなり赤く熟す。

6月10日

黄輪草

岩の隙間などから黄色い顔がのぞいている。どうしてそんなところに根を張ることができたのか不思議でならない。よく見ると葉は多肉性で厚ぼったい。対生にのび合って、ここにエネルギーを貯えるらしい。黄色の小花が重なり合ってつき、星じるしが浮かんだぐあいだ。

「麒麟草」とも書いた。すっくとのびた茎の先の星形がキリンの首と顔を連想させたせいだろう。たしかに頭上に見つけると、キリンの家族が小屋の窓から、いっせいに首をのばした感じがしないでもない。

キリンソウ　ベンケイソウ科の多年草／花期：6〜8月。黄色の小花を無数につける。それが1つの黄色い花に見えるので黄輪草。麒麟草と書くことも多い。

アマチャ　ユキノシタ科の落葉低木／花期：5～8月。葉を乾かし、煮出して、花祭りに使う甘茶を作る。また、加工食品や飲料などの甘味料にもなる。

6月11日・12日

甘茶

「甘茶でカッポレ」などといったのは、甘さが絶妙で、カッポレを踊りたくなったのだろうか。ユキノシタ科の変哲のない葉っぱだが、誰かが効用に気がついたのだ。蒸してから、よく揉んで汁をしぼり出す。そののちに乾かして甘茶を湯立てた。

思えば手数のかかること。ノーベル賞にも匹敵する発明と思えるが、誰の創案ともつたわらず、昔から飲まれてきた。カッポレはともかくとしても、糖尿に効く。そんなアマチャの木がヤブのふちなどに、ひっそりと生えている。

6月13日

山紅葉

「もみじを散らす」といった言い方があった。恥ずかしがったりテレたりして、顔をまっ赤にすること。女性、それも少女の場合に多く使われた。実際、名前を呼ばれただけで、まっ赤になってモジモジする子がいたものだ。まるで見かけなくなったのは、どうしてだろう?

「もみじのような手」は、ふつう赤ん坊の手などのこと。こちらはカエデの木の葉にたとえてのこと。赤ちゃんの手が変わったわけでもないだろうに、この言い方もしなくなった。ヤマモミジは年々変わらず色をつけ美しいが、人の世は年ごとに変わっていく。

ヤマモミジ　カエデ科の落葉高木／花期：4〜5月。日本海側の山地によく見られる。果実は6〜9月で赤くいろづく。秋に紅葉するが、黄葉するものも。

6月14日

木天蓼

つる性植物は省エネの大先輩である。巧みに巻きつき、重力や引力はおまかせにしてスクスクとのびていく。明るい林でマタタビの花と出会ったら、双眼鏡がほしいところだ。枝の中ほどについて下向きに咲く。やわらかい白の花びらにヒゲのような花弁を散らしている。秋に訪れると、二センチばかりの丸っこい実をつけている。

「猫にマタタビ」というように、猫の好物として知られている。猫がよろこぶとすれば当然、人間も食べられるし、薬にもなる――。正しい考え方であって、動物の本能は自然の生理をきちんとつきとめているものだ。

マタタビ　マタタビ科の落葉つる性木低木／花期：6～7月。完熟前の果実はマタタビ酒にしたり、塩漬けにしたりする。マタタビ酸がネコの脳を刺激。

6月15日

虫取菫

ふつうスミレは可憐な、やさしい花となっているが、ムシトリスミレは勇ましく、たくましい。葉は厚く、やわらかく、腺毛をもち、粘液を分泌して小さな虫を引き寄せ、葉のふちを巻き上げてひっとらえる。

高山の岩場といった悪条件を生きのびるための必殺ワザというものだ。細い茎をのばし、先っぽに青紫の花が一つ。五つのがくがラッパ状に開いていて、誘いの唇をつき出したようだ。グループをつくっていると、てんでに客引きをしているようでもある。

ムシトリスミレ　タヌキモ科の多年草／花期：7～8月。食虫植物。葉面に粘液を分泌し小さな昆虫をとらえる。姿はスミレに似ているがスミレの仲間ではない。

6月16日

虫取撫子

同じく「ムシトリ」が名前についても、ムシトリナデシコは誘いこんでひっとらえるまではしない。茎の上のほうの節間から茶色っぽい粘液をしたたらせ、小虫がこれに寄ってくる。ナデシコ自体には効用を意図してのことではないらしく、「ムシトリ」と称されるのは心外なことではあるまいか。

小さな葉が対生について、その上にまっ赤な花。河川敷などをいろどって華やかである。花の赤が異色に見えるのは、南ヨーロッパ原産の帰化植物のせいだろう。たしかに湿っぽい風土よりも、イタリアやスペインの太陽の下が似合っている。

ムシトリナデシコ　ナデシコ科の越年草／花期：5〜7月。茎から分泌される粘液に小虫が付着することがあるが、食虫植物ではない。

6月17日・18日

瓢箪木

盆栽好きはよく知っている。毎日のようにながめても飽きないのは、いろいろと特性があるからだ。ヒョウタンは巻きひげで巻きつくつる草なのに、ヒョウタンボクはレッキとした木である。枝ごとに二つずつ花をつけ、白いのがゆっくりと黄をおびていく。とどのつまり、二つの実がくっついて、中央部がくびれたヒョウタン型になり、まっ赤にいろづく。

有毒であるが、そのことは知らなくても、さすがに食べる人はいないだろう。中をくり抜いて酒の容器にする人はいるかもしれない。「ひさご」といって、一瓢《いっぴょう》、二瓢《にひょう》といった数え方をする。人間はまったく、道楽には知恵を示し、工夫をこらすものである。

ヒョウタンボク　スイカズラ科の落葉低木／花期：4～6月。白から徐々に黄変する花を2つつける。果実は、赤く熟して瓢箪状になる。有毒。

6月19日

臼の木

ウスノキは葉に特長がある。長楕円形のふちに、こまかい、きれいなノコギリ歯をつけている。その下につり鐘に似た、淡い桃色の花が二、三個、まとまってのぞいていたらしめたものだ。低木なので、かがみこまないと対面できない。つぼみのころは白っぽく、熟れてくると赤らんでいく。

並んだ仲間なのに、一つは小粒、隣りは大柄、もう一つは並、色のぐあいも、白いのから、桃色がかったものとまちまちで、三人姉妹がそれぞれちがった顔と個性をもっているのとそっくり。ちっとも臼に似ていないが、秋の実のかたちから名づけられた。

ウスノキ　ツツジ科の落葉低木／花期：4〜6月。実は7〜9月。花は鐘形で赤みをおびる。果実は鮮紅色の卵形でやや五角形。先端が少しへこんで臼に似ている。

6月20日

捩木

自然界にはヘンな現象がどっさりあるが、ネジキのねじれぐあいもその一つである。ふつう幹は直立にせよ彎曲にせよ、道路のようにのびるものだが、これは紐をよじったようにねじれている。外力がかかって、いや応なく強いられたのではなく、スクスクとねじれていく。

ネジキ自体にとっては、そのほうが好都合であって、しかるべき根拠をそなえているのだろうが、どうもよくわからない。ツツジ科にしては珍しい白い鐘状の花を一面につけている。植物のなかのヘソ曲がりなのかもしれない。

ネジキ　ツツジ科の落葉小高木／花期：5～7月。白い壺形の花を多数下向きにつける。幹がねじれているのでネジキ。

6月21日・22日

金光花

金の光の花であって、さぞかし華麗な花だろう。写真でなりとも見たいと思って探したが、いっこうに見つからない。黄色の小さな花がビッシリとついていて、金色に光って見えるらしい。神々しいようでもあれば、仏壇におなじみの金箔づくめの花のようで、卑俗な感じもする。

金梅《きんばい》や金鳳花《きんぽうげ》もそうだが、黄色の花には日本人は好んで「金」の字をあてたようだ。金色に対して、よほど憧れが強いらしい。キンキラキン好きは趣味が悪いとされるが、趣味にたけたタイプはたいてい金運に恵まれない。

キンコウカ　ユリ科の多年草／花期：7〜8月。中部以北の高山地帯の湿地に群生することが多い。花の最盛期には、一面に黄金色に染まって見える。

6月23日・24日

越路下野草

日本海側の雪の多い地方の新緑はただごとではない。さ緑の妖怪が地中からいっせいにあらわれる感じで、積雪がもたらす大量の水にやしなわれ、猛烈なエネルギーを発散させながら地上を色どっていく。

そんな地方の山寺の崖ぎわなどに、大きな葉で濃い紅色の花弁をもった花を見かけるものだ。やはりたっぷり水を吸って生い出たようで、神さびた境内と妖艶な花の対比が独特の雰囲気をかもし出す。写真をとっていると、レンズが曇ってきた。崖一面に水がにじみ出ていて、あたりに霧状の幕ができている。これもまた雪の贈り物にちがいない。

コシジシモツケソウ　バラ科の多年草／花期：6月。日本海側の湿った草地や山地や崖に生える。葉は大きく深く裂け、つぼみは濃い紅色で咲くと淡紅色。

6月25日

羽蝶蘭

人間は仲間をつくったり集団でいるのが好きな生き物だが、個人は本来、一つの絶対といったもので、外界とつながる何もなく、またつながる何ものも外界にない。生存本能により学習してつながりをつくっていくだけである。

山の岩場でウチョウランを見かけると、一つの絶対が自足して生きている見本のようで、勇気づけられる。まわりにいかなるつながりもなく、鉱物のなかの一点の植物として美しい花を咲かせている。蝶の羽になぞらえて名づけた人は、飛び立つ思いを見てとったのだろうが、それはつねに自足しきれない人間の幻想ではなかろうか。

ウチョウラン　ラン科の多年草／花期：6〜7月。花の形が蝶の羽に似ていることから名前がついた。山地の岩場に自生するが、環境の変化と乱獲で絶滅危惧種に。

6月26日

日光黄菅

山の初心者が最初に歓声をあげるのがこの花である。菅のような葉の中からまっすぐな茎がのび、ユリ科の黄色い花が群がって咲いている。ラッパ形の花は一日花で、朝に開いて、夕方閉じる。そんなリチギさも初心者にはうれしいものだ。

大きな群生地が日光の山にあるので、この名を名のっているが、本州や北海道の山や海岸の草地でよく見かける。

花の図鑑には「禅庭花」として出ていたりする。キスゲは親しげなのにゼンテイとくると重々しくなって、同じ花なのに別種のような気がするものだ。

ニッコウキスゲ　ユリ科の多年草／花期：7～8月。花は1日かぎりで、朝開花して夕方閉じる。次々と開花するので群生地での花期は長い。葉の姿は菅に似ている。

ユキノシタ　　ユキノシタ科の多年草／花期：7月。白い5枚の花びらのうち、長い下の2枚の形状から「雪の舌」と呼ばれた。葉は薬用、食用。

6月27日・28日

雪の下

まっ白な五弁花のうちの下の二枚がニューと長いところから「雪の舌」、その舌が「下」に転じたらしい。「虎耳《とらのみみ》」「猫耳《ねこのみみ》」とも呼ばれた。よく岩の上に生えるので「岩蔓《いわかずら》」の別名がある。形がなんとも変わっているので、いろんな連想を誘うわけだ。

それだけ親しまれてきたのは、薬草として役立つからで、葉はあぶって、しもやけに貼りつけた。やけどやハレものにも効く。汁を飲むと、みみだれや咳がとまる。かつての日本人は、冬のしもやけに苦しんだ。カユくてならず、いても立ってもいられない。ユキノシタの大きな葉っぱが、力強い暮らしの仲間だった。

6月29日

九蓋草

草地や山ぎわの陽当たりのいいところに、紫がかった花の穂先が林立している。小さな槍を立てつらねたぐあいで、「総状花序」というそうだが、下からゴマつぶのような花が咲いていく。「九つの蓋《ふた》」は、茎につく葉っぱからきたらしい。何枚もが層をつくって輪生する。「九つの階」になぞらえて「九階草」ともいう。

開花とともに、花序のまわりから細いヒモ状のものがのびる。昔の武家はそれぞれ家紋のほかに「槍印」というのをそなえていたが、槍のマークにカギのついたのがある。庭のクガイソウからデザインを思いついたのかもしれない。

クガイソウ　ゴマノハグサ科の多年草／花期：7～8月。茎の上に穂のような淡紫色の花を多数つける。葉は4～8枚で輪生し、何段にも層をなす。

6月30日

紅額

一般には「あじさい（紫陽花）」の名で親しいだろう。園芸が生み出した品種であって、花はあざやかだが種子はできない。「七段花」、あるいは「しちへんげ（七変化）」の別名のあるとおり、土質や開花の日数によって、花が白から淡い紅に変化したり、青が濃くなったり、あでやかな赤になったりする。ボッテリと大きく、いかにも「紫陽花や花さき重り垂れ重り」（子規）といった感じだ。

庭の花につきものなのは、ながめて楽しめるとともに使い勝手がよかったからだろう。茎は堅いので楊枝がつくれる。花は解熱に効く。葉は瘧《おこり》の特効薬とされてきたが、「瘧」といった病名も、とっくに使われなくなった。

ベニガク　ユキノシタ科の落葉低木／花期：6月。ヤマアジサイの園芸品種。装飾花のがく片は菱形、色ははじめ白、次に淡紅、最後に紅と変化する。

七月

	1	
半夏生 (はんげ、しょうず)	2	
	3	
	4	
	5	
	6	
七夕 (しちせき)	7	**小暑**（しょうしょ）梅雨が明け、日に日に暑さは増す。草むらは命満ちあふれ、入ると草いきれがする。
	8	
温風至 (あつかぜ、いたる)	9	
	10	
	11	
蓮始開 (はす、はじめてひらく)	12	
	13	
	14	
	15	
	16	
鷹乃学習 (たか、すなわちわざをならう)	17	
	18	
	19	
土用入	20	
	21	
	22	
桐始結花 (きり、はじめてはなをむすぶ)	23	**大暑**（たいしょ）うだるような暑さのなか、涼を求めて山中へ行けば、清々しい風が頬をなでてゆく。
	24	
	25	
	26	
	27	
	28	
土潤溽暑 (つち、うるおうてむしあつし)	29	
	30	
	31	

小鬼百合（コオニユリ）
ユリ科の多年草。

7月1日・2日

苗代苺

背が低くて、大人の膝までとどかない。そのかわり横に長く枝分けをしていく。花が咲いても、めったに目にとまらない。気がつくのは実になったときだ。まん丸な赤いツブが重なり合って、熟れると赤が透き通るように繊細なツヤをおびる。敷き紙のような五つの尖りの花序の上に赤い実がのっていて、なんとも優雅なかたちをしている。

クロイチゴと似ているが、ナワシロイチゴでは葉先が丸い。山道で見かけると、実をつまみとって口に入れたくなるものだ。野生のものに特有の苦み、すっぱさ、それでも、ほのかな甘味がある。種を舌の先っぽにのせて、ほどのいいところにポッと吹きとばす。種子の散布を買って出たぐあいである。

ナワシロイチゴ　バラ科の落葉小低木／花期：5～6月。実は6～8月。淡紅色の小さな花が咲き、果実は生食のほか果実酒やジャムにも。日本各地の丘や土手に生える。

7月3日

紅花

　山形地方を夏に旅行すると、紅花畑と出くわせる。キクに似た黄色の花が、しだいに赤い色をおびてくる。知られるように、赤い花から紅をつくった。女性と役者に欠かせぬもの。染料にも使われてきた。紅花の染めは、あでやかなものの代表だ。種子からとびきりの食用油がとれる。
　奥の細道の旅の途中、芭蕉は強い興味をもって、紅花と紅花摘みの女たちを観察していたようだ。博識の俳人は紅花の詩情とともに実用的価値もよく知っていただろう。東北の花が、もっと手広く栽培できないものか、思案していたのかもしれない。

ベニバナ　キク科の越年草／花期：6〜7月。アザミに似た鮮黄色の花が咲き、時間が経つと赤色になる。花は化粧品や染料に、種子は高級食用油に。

7月4日

瑠璃玉薊

ふつうならアザミはあまり人気がない。葉が切れこんでいて、トゲがあり、触れるとチクチクする。花はねばりがあって、手にするとニチャニチャする。

それが流行歌によって「いとしき花よ汝《な》はあざみ」になった。お高くとまった花よりも野のアザミがいいというのだ。中高年おとうさんがカラオケで絶唱するとき、かつての恋人と野の花が重なっている。記憶のなかの恋人はいつまでも若く、つつましやかで、ルリタマアザミのように美しい。トゲのある中年女などに変化してはいないのだ。

ルリタマアザミ　キク科の多年草／花期：7～8月。花がすべて咲くと、全体が瑠璃色の玉のように見える。切り花のほか、ドライフラワーにもよく使われる園芸種。

7月5日

夕菅

立原道造の詩が青春と同義語であったような世代がいる。「萱草に寄す」と題された連作には、Sonatine No.1とシャレた添え書きがついていた。

「薊の花やゆうすげにいりまじり
稚い　いい夢がいた」

夕方開いて、朝しぼむ。そんな性質が夢と重ねられたのだろう。歌語では「夢の花」。イメージではそのとおりだが、ユウスゲの花は筒状をしていて、横向きに大きく開く。しぼむ前の朝などにながめると、ソナチネの夢がこわれかねない。

ユウスゲ　ユリ科の多年草／花期：7～8月。夕方になると、レモンイエローの花が咲きはじめ、翌日の昼前にしぼむ。やや芳香がある。

7月6日

月見草

すぐさま太宰治を思い出す。「富士には月見草がよく似合う」というのだ。小説「富嶽百景」の一節で、かなたの富士山に負けじと月見草がスックと立っていた。

名前からも純日本の花と思いがちだが、南アメリカ原産で、江戸末期に渡来したとか。植物学ではいろいろ分類されているようだが、一般には名前とイメージがかなっている。昼間はしぼんでいて、夕方になると開くので、別名が「マツヨイグサ（待宵草）」。「まてどくらせどこむひとを宵待草《よいまちぐさ》のやるせなさ」（竹久夢二）。特異な花の性格が、夜の情愛の先ぶれ役になった。

ツキミソウ　アカバナ科の越年草／花期：7〜8月。白い花が夕方開き、翌朝しぼみ赤色に変わる。マツヨイグサやオオマツヨイグサも同じ名で呼ばれることが多いが別種。

7月7日

毛氈苔

卵状に葉がモジャモジャと密生している。そこから赤みをおびた腺毛がひしめき合ってのびていて、なんともグロテスクだ。ところが初夏ともなると、赤っぽいかたまりの中から細い茎がのび、純白の花をつける。

虫が寄ってくる。腺毛に触れると、ねばついて飛び立てない。そのまま葉のかたまりに抱きこんで栄養をいただくわけだ。純白の花がオトリ役であることは、あとの経過からもよくわかる。遠目に見ると赤い毛氈と似ているところから名づけられた。オトリでやわらかく抱え取って、そっくり巻き上げるところは人間界のやり方と同じである。

モウセンゴケ　モウセンゴケ科の多年草／花期：6〜8月。食虫植物。小さな虫が腺毛に触れると、巻きこんで消化吸収する。群生すると赤い毛氈を引いたように見える。

7月8日

蕺草

悪臭のせいでドクダミなどとへんな名をうけたが、花は清楚である。まっ白な四枚の花弁の上に黄色い花穂が立っている。正確にいうと花弁ではなく「総苞片」といわれるもの。

見ためは清楚だが、なんともたくましい。ほんの一株とみえたのが、みるまにひろがっていく。手入れのされない庭に白い花がぎっしりとひしめいているのを見ると、地表をすべて同族で占めるといった強い意志すら感じさせる。たとえ引き抜いても、根っこの一部が残っていると、そこからスクスクと生い出てくる。それほどの生命力のわりには寒さに弱いらしく、涼しい風が吹き出すと、とたんに葉に生気が失せ、茶のしみをおびていく。

ドクダミ　ドクダミ科の多年草／花期：6〜7月。湿った日陰に自生する。はれものの治療や利尿などの民間薬。特有の臭気がある。イラストは八重咲きのドクダミ。

ヤマブキショウマ　バラ科の多年草／花期：6～8月。白い小さな花が多数茎につき、アカショウマのように花が咲く。葉脈のはっきりした葉がヤマブキに似ている。

7月9日・10日

山吹升麻

　山地や海辺で見かけるのは、痩せ地に強いせいだろう。ギザギザのある葉を繁らせ、そこから細いが丈夫な茎をのばし、先っぽに何本も細い穂のような花をつける。葉がヤマブキに似ているので、「山吹」と頭にくるが「升麻」はなじみがない。升は「昇」と同じ意味があるから、上に昇る麻というふうに覚えた。

　地味な花であって誰にも注目されないが、群生したのがいっせいに風に揺れていると、生あるものの姿を地でいくようで、なかなかいいものだ。耳の奥がかゆいときなど、茎をもぎ取って、海を見ながら耳掃除をしたことがある。

7月11日

銀竜草

ひとめ見て忘れられない。小暗い林のなか、白っぽい透明なものを筒状にニョキリと出し、先っぽに鐘の形の花をつけている。花も同じく白っぽくて透明。「腐生植物」といわれるもので葉緑素をもたないせいだ。葉はすべて鱗片になり、花もがくも同じく鱗片で、全体が多少ともバケモノじみている。そのため「ユウレイタケ」の異名がある。

バケモノじみていても、レッキとした花にまちがいはない。人間界においても太陽と縁のきれた生活がつづき、人工の明かりの下で過ごしていると、この手の形態をおびてくるのではあるまいか。

ギンリョウソウ　イチヤクソウ科ギンリョウソウ属腐生植物／花期：4〜8月。日本各地の林や森の腐葉土のあるところに自生。別名：ユウレイタケ。

7月12日

灰汁柴

ツツジ科の品種はどっさりあるが、名前に柴がつく。昔ばなしの「山へ柴刈りに」は、こういった雑低木のこと。それを燃やしてアク（灰汁）をつくった。そんな実用的な木だが、花は愛嬌がある。ツボミのころは薄紅色のクチバシのようにのびている。咲き出すと花弁が四つに裂けて、ユリの花のように反り返る。虫を呼ぶ姿勢であって、てんでに紅のスカートをまくり上げた中から雄しべがのびていたりして、つい笑ってしまう。夏が終わったころ、黄ばんだ葉のあいだに小型サクランボのような赤玉の実が下がっている。サクランボは果物の宝石扱いだが、こちらはつまむ人もいないようだ。

アクシバ　ツツジ科の落葉低木／花期：6〜7月。「山に柴刈りへ」の柴は、これらの低雑木。燃やした灰で灰汁を作り、あく抜きに用いた。果実は秋に赤く熟す。

7月13日

小岩鏡

高い山の岩場には、思いもかけない動物や植物がいる。岩鏡に「小」がついて、両手につつめるほどの花だが、悪条件をものともしないのだから強いのだろう。チョコレート色の葉をしていて、十センチあまりの茎をのばし、頭に数個の花をつける。薄紅色で花弁は五つ。その先が小さく裂けている。

色といい、先端のフリルのような裂け目といい、女性の下着のようで、それがラッパ状にひろがっていて、つくづくと造化の妙に打たれてしまう。岩場にいるからといって仙人のように枯れているわけではないのである。

コイワカガミ　イワウメ科の多年草／花期：6〜8月。イワカガミの名は常緑の強いつやのある葉を銅鏡に見立てたもの。小岩鏡は岩鏡の高山型変種で小型。

7月14日

早池峰薄雪草

早池峰山は行者が開いたのだろう。登山口近くに宿坊の名前をのこした宿が並び、山道のあちこちに勤行のための場所がある。宮沢賢治もよくきたようだが、むろん行者ではなくて植物・鉱物採集の山行だった。

夜でも平気で月光のなかを歩いた。お山の特産のハヤチネウスユキソウはよく知っていただろうが、都会からの登山者のように声をあげて顔を近づけたりしなかっただろう。ウスユキソウそのものは全国の山野にあるが、早池峰は雪深いせいか、花の白さが並外れている。雪が消えて花に化身したとでもいうふうである。

ハヤチネウスユキソウ　キク科の多年草／花期：7〜8月。アルプスの星、エーデルワイスに最も似ている花として有名で人気も高い。岩手県早池峰山の特産種。

7月15日

御前橘

『山の花』といった本にはきっと出てくる。針葉樹からハイマツ帯に移るあたり、細い茎が横に這い、卵形をした緑の葉が集まったなかに、まっ白な四つの花弁。それぞれが十字をした一輪の花のようだ。そのまん中に黄色っぽい小さな花が盛り上がっている。数えると二十あまりもある。半円状をしていて、白い十字をあざやかに引きしめている。

実は小さな球形をしたのが十ちかくかたまっている。タチバナの実に似ていて、発見地が石川県の白山で、御前峰にちなんで命名された。おごそかな名前と、すっきりした形から、バッヂなどのモデルに使われる。

ゴゼンタチバナ　ミズキ科の多年草／花期：6〜7月。実がタチバナに似ていることと、発見地の石川県白山の最高峰「御前」から名がついた。

7月16日

草連玉

クサレ・ダマではなくてクサ（草）・レダマ（連玉）である。サクラソウの一種だが、花の色がマメ科のレダマに似ているところから名がついた。陽当たりのいい湿地などに群生している。大きいのは一メートルちかくあって、直立したのが無数の手をひろげたように葉を出している。さらに先端にピラミッドのように花をつけ、あたり一面、黄色の粒子をバラまいたようで壮観だ。かきわけていくと、服にくっついたりするのは、粘液質のものをおびているのかもしれない。

クサレダマ　サクラソウ科の多年草／花期：7～8月。腐れ玉ではなく、マメ科の木「連玉」と同じ黄色い花だったので、名前を借りた。連玉と姿形は異なる。

7月17日・18日

捩花

ネジキは幹がねじれるが、これは花がねじれる。穂の形をした花序がラセン状になっていて、そこに紅色の小さな花が点々とつく。ネジバナ、ネジレバナ。

ねじれの向きよりして、「ひだりまき（左巻き）」などと呼ばれてきた。初夏の陽射しのなかで、いっせいに身をよじったのがスイスイとのびていて、それが風を受けて、そろってゆれたりするとき、「平和」というものを絵解きすると、こんな風景になるのでは、といった気がする。自然のエネルギーがごく自然に造化のいとなみをすると、このような形態をとるような気がするからだ。

ネジバナ　ラン科の多年草／花期：4〜10月。陽当たりのいい草地、芝地などに生える。花がらせん状にねじれたようにつく。別名はモジズリ。

7月19日

利尻雛罌粟

北海道の利尻島にだけ生えているヒナゲシ。それも高山の礫地と場所がかぎられており、おのずと利尻岳のどこかということになる。写真で見ただけだが、岩陰に花をつけていた。葉は羽状にのび、寒さをしのぐためだろう、「全裂」のかたちで、まるで緑色のクラゲといったところだ。茎は十センチから二十センチ。頂に花が一個。つぼみのときは玉のようだが、開くと淡い黄色のヒナゲシ。これも寒冷に応じてだろうが、茎全体に毛が密生していた。

弱々しげな花だが、とびきり悪条件のところに根を張るからには頑健で強いということになる。生命力というものの不思議さに、目をみはらないではいられない。

リシリヒナゲシ　ケシ科の多年草／花期：7〜8月。つぼみのときは下を向くが、開花すると直立して上を向く。北海道の利尻山の岩礫地特産。栽培は困難。

7月20日

蛍袋

見たところは可憐な植物である。薄紅色の袋状をした花をつける。古人はこれにホタルを入れて遊んだとか。ホタルの光が点滅すると、夏の夜に涼しい風がかすめたような気がしただろう。

だが、ホタルブクロは実にたくましい。地中で根をのばして栄養をたくわえ、地上では虫を招き入れて種子づくりに余念がない。ほんの二、三株だったのが、翌年には一列縦帯になっている。さらに次の年にはもっと仲間を増やして、庭の盟主だったドクダミ集団を脅かす勢いなのだ。咲きはじめは白っぽかった花は、やがて紅をつけ、花弁の先が反り返る。虫がたまらずもぐりこむ。

ホタルブクロ　キキョウ科の多年草／花期：6〜8月。花は白色か淡紅色。子供が花の中に蛍を入れて遊んだとの想像からつけられた名ともいうが、諸説あって定説はない。

エゴノキ　エゴノキ科の落葉小高木／花期：5〜6月。白い5弁の清楚な花が下向きに咲く。7〜9月に灰白色の実がなる。材は細工物に。若い果実は有毒。

7月21日・22日

売子の木

食べ物の味をいうのに「えぐい」がある。喉がヒリヒリするほど辛いときだが、えぐいが転じて「えごい」ともいう。エゴノキの実は有毒で喉を刺激するところから、この名がついたらしい。

ともあれ種子からとった油が「ずさ油」、実をついて灰をまぜ、水田の肥料にした。材が堅いので器物や杖になる。はなはだ有用の木である。枝を縦横にのばし、一面に葉を繁らせ、夏の到来を待ちかねたように、漏斗状をした白い花をつける。長い柄の先に星の数ほど垂れていて、世にもみごとな天然の傘の下に入ったようだ。

えごの花の香をよぎりたる配膳車　（波郷）

7月23日

弟切草

野の草花のうち、有用なものを選りすぐって栽培するのはどうだろう？　薬草園はそんな発想から生まれたはずだが、永くつづいたのは、ごくかぎられている。野生だから効用を発揮するのであって、肥料を与えたりすると本来の性質が失せるのかもしれない。

　オトギリソウは葉の汁が切り傷や打撲に、煎じた汁が止血に、茎からとったオトギニンが神経痛に効く。そのためヤクシソウ（薬師草）、アオグスリ（青薬）の別名がある。山野にふつうに生えていて、土用のころ、いっせいに黄色い五弁の花をつける。土と風と雨と太陽が、その特異な能力をやしなった。

オトギリソウ　オトギリソウ科の多年草／花期：7〜8月。薬草。茎、葉に多量のタンニンを含む。鷹の傷薬の秘密を漏らした弟を兄が斬り殺したという伝説をもつ花。

7月24日

信濃撫子

秋の七草の一つ。日本人がとりわけ親しんできた花であって、「万葉集」にも出てくる。「枕草子」には「草の花は、なでしこ。唐のはさらなり。大和のもいとめでたし」とあるから、すでにいくつかの品種が知られていたのだろう。それぞれ頭にいただいて「唐撫子」「大和撫子」「河原撫子」。

信州に多く見かけるのが「信濃撫子」。細い茎に少し不つり合いな大きさの五弁の花びら。そのアンバランスが、頭だけ大きな子供に似ていて、いとしくなり、撫でてみたくなるのだろうか。淡い紅色がふつうだが、たまに白い花をつけるのがある。ふちが細く裂けている点は同じ。白い花弁に黄色の一点がついていて、色白の女の子がいたずらのお化粧をしたようだ。

シナノナデシコ　ナデシコ科の多年草／花期：7～8月。信濃に多く、山の木や草などの緑のない河原や荒れ地に根を下ろす。別名：ミヤマナデシコ。

7月25日

岡虎の尾

茎の先っぽが総状になって虎の尾に似ている。それはわかるが、どうして「岡虎」なのか。極小の白い花が密集して総をつくる。肉眼では難しいが、虫眼鏡をあてると、白い花は星形に五片に分かれていて、下から順に開いていく。そのため時期によっては総の下が白、先端にいくほど緑っぽく、しましま模様になっている。

オカトラノオ　サクラソウ科の多年草／花期：7～8月。陽当たりのいい野山に生える。白色の小花が集まった花穂は虎の尻尾に見える。下から順に咲き上がり尾状に垂れる。

葉は長い楕円形で、先が尖っている。左右に両手を差し出したようで、そのあいだから白い総がのび、先端がどれも同じ向きで垂れている。ボス虎の前で、その他大勢がかしこまっているぐあいだ。

7月26日

蝦夷の栂桜

『北海道の花』といった本には「エゾノ」とつく品種が一五〇種ばかりある。北海道がいかに風土的にちがっていて、独特の植物をやしなっているかがわかるのだ。

高山の礫地やヒースに生える点では、ふつうのツガザクラと同じだが、葉のかたちや毛のぐあいが寒冷に応じるなかでちがってきた。花は壺形で、柄に腺毛をもっている。日高山脈などではハイマツと隣合って、眩しいような赤色のつらなりが、地表にくっつくように点在している。音をたてて風が吹きつけると、つい身をかがめたくなるが、その鼻先にあったりする。地の霊がメッセンジャーとして赤い提灯持ちを送ってきたようである。

エゾノツガザクラ　ツツジ科の常緑小低木／花期：7〜8月。北海道と東北地方のかぎられた高山に分布し、群生する。花は壺状で紅紫色。

7月27日

姫檜扇水仙

水仙の原産地は地中海沿岸であって、それがシルクロードを経て中国へつたわり、海路はるばるわが国へやってきた。大いなる旅をしてきた花であって、房総半島や越前海岸や淡路島などに大群生が見られるのは、渡来のあとのしるしかもしれない。

「姫檜扇」などと気取った名をもつのは、園芸によってつくられた新種のせいだろうが、さっさと園を逃げ出して野生化した。背丈が小柄で、葉のハバが扇を少し開いたようだ。群生していると朱の花冠が重なり合い、南方系の大輪がサヤ状の先端にのったようで、地中海原産というのに納得がいく気がする。

ヒメヒオウギズイセン　アヤメ科の多年草／花期：7～8月。葉姿がヒオウギに似ているが、少し小さいため「姫」がつく。園芸種だが、人家近くの各地で野生化。

7月28日

柿蘭

湿っぽいところは敬遠されるせいか、急に道がとぎれる。かまわず踏みこむと、山靴の甲ちかくまで沈んだりして、あわてて すっとぶものだが、そんなところにひっそりとカキランがいる。葉脈をもった大きな葉のあいだから、細い首のような茎がのび、先に穂のようなつぼみ。さ緑の中から黄色がのぞいていて、あわててすっとんだ人間を、ニヤリと笑っているようでもある。花弁を開いて名前どおり柿色をしたのは、喉の奥まで見せて笑っている。枯れ草に靴の泥をこすりつけていると、葉までさすって大笑い。

カキラン　ラン科の多年草／花期：6〜7月。陽当たりのいい湿った草地に生える。オレンジがかった黄褐色の柿色の花が咲くのでこの名がついた。

7月29日・30日

御山竜胆

竜胆やながるる霧を岩が堰く（秋桜子）

竜胆と書いて「りんどう」と読むのは難しいが、もともと根を称してりんどうといったらしい。うねうねとのびて赤褐色をしており、古人は竜の胆を連想したようだ。苦味が強く、健胃薬として用いられてきた。

花はあざやかな青紫。いちど見たら忘れられないほど鮮烈な色をしている。これほどの色を生み出すからには、根に特別の力があると考えたのではあるまいか。北海道以外の山野におなじみだが、とくに神を祀ったような深山に生えるのが御山竜胆。たしかに霧の立ちこめた山合いなどで、よく見かける。青紫が水滴をもち、なおのこと神秘的な色をしている。

オヤマリンドウ　リンドウ科の多年草／花期：8～9月。花は茎の頂だけにつき、天候がよくても半分ほどしか開かず、つぼみのような状態で咲き終わる。

7月31日

山杜鵑草

江戸の末のころ、博物学好きの武士たちが「赭鞭会《しゃべん》」をつくって勉強をした。赭鞭というのは、本草学の神、神農さまのこと。単なる道楽ではなく、定例の会をもち、テーマを定めて議論をし、小冊子にまとめた。その一つが『ホトトギス図説』として残っている。

ユリ科をとりあげたところ、ホトトギスの種が集まったので独立させたらしい。花の小紫が風流で人気があったのだろう。「しぼり染のごとし」といった意見も出た。勤皇派や佐幕派がツノ突き合っていた時代に、こよなく草花を愛する人たちがいた。メンバーの中心になったのは富山藩十万石の殿さま前田利保《やすとし》。号の一つを「恋花園」といった。なんともうれしい人ではないか。

ヤマホトトギス　ユリ科の多年草／花期：7〜9月。白色で紫斑のある花が反り返って上向きに咲く。ヤマジノホトトギスと似ているが、夏に咲き、花が枝分かれする。

八月

1		
2		
3	大雨時行（たいう、ときどきふる）	
4		
5		
6		
7	涼風至（すずかぜ、いたる）	**立秋**（りっしゅう）秋立つころも、残暑は厳しい。せめて空や雲や風に秋のけはいを探してみる。
8		
9		
10		
11		
12		
13	寒蝉鳴（ひぐらし、なく）	
14		
15	盂蘭盆（うらぼん）	
16		
17		
18	蒙霧升降（ふかききり、まとう）	
19		
20		
21		
22		
23	綿柎開（わたのはなしべ、ひらく）	**処暑**（しょしょ）暑さもようやくおさまってきた。燃えたぎる夏のあとには、愁いを誘う秋がくる。
24		
25		
26		
27		
28	天地始粛（てんち、はじめてさむし）	
29		
30		
31		

薩摩芋（サツマイモ）
ヒルガオ科の多年草。

8月1日

燕尾仙翁

葉が細い卵形で、先端が鋭く尖っており、燕尾服を思わせる。花は華麗である。深い紅色で、五つの花弁が鋭角に裂け、まっすぐな茎の上で火花が散ったようだ。

山地にとびきりの色どりをそえる植物界のジェントルマンには、荒ぶれた時代が生きにくいのだろう。自生地として、わずかに北海道の日高地方と信州がいわれていたが、ゴルフ場や牧草地がひろがるにつれて、ほとんど姿が消えてしまった。美しい肖像画で面影をしのぶしかない。

エンビセンノウ　ナデシコ科の多年草／花期：7〜8月。日高山脈、埼玉や長野県の山地の草原にまれに生える。ツバメの尾に似た深い切れこみの入った深紅色の花が咲く。

8月2日

薄荷

花は知らなくても匂いは幼いときからなじんできた。ヒンヤリとした涼しい匂いで、飲み物やお菓子に入っている。喉より先に鼻で味わった。

シソ科の多年草で、葉の両面に腺点がある。茎にまとわりつくように花をつける。薄荷油、またはメントールといって、特有の芳香に生薬を加えて用いてきた。蒸発していくような匂いが、体を軽くさせる錯覚を起こさせ、薄荷のアメをなめると速く走れるという説があった。だから運動会用にとって置いて、出番が近づくと、そっとなめた。歯をくいしばって走ったが、いちども一等にはなれなかった。

ハッカ　シソ科の多年草／花期：8〜9月。北海道から九州のやや湿り気のある草原に生える。葉をもむとさわやかな香りがする。

8月3日

小葉擬宝珠

「擬宝珠」は橋のふちや欄干の頭にのせてある飾り物。若い花の花序が苞をつつんでいるさまが宝珠の形に似ているところから名がついたらしい。江戸のころから観賞用に栽培され、いろいろ品種がつくられた。葉が大きく整っているのが「大葉擬宝珠」、葉幅の狭い小型が「小葉擬宝珠」で、花は深い紫紅色。いかにも江戸の趣味人がよろこびそうな花である。

仏教界では宝珠が竜王の玉とされ、それになぞらえた玉簪《たまかんざし》という変種もあるそうだ。葉に白玉が散っている。こうなると植物のペットというものだろう。

コバギボウシ　ユリ科の多年草／花期：7〜8月。ギボウシはつぼみを橋の欄干の擬宝珠にたとえたもの。この仲間は1日花。花の色や形や大きさには変化が多い。

8月4日

蓮華升麻

同じキンポウゲ科のサラシナショウマとよく似ている。草地に生えていて、白い穂の形に花をつける。引っこ抜いて頬に当てると、くすぐったいので、子供がふざけっこに使ったものだ。

葉はそっくりだが、レンゲショウマは花が可愛らしい。紫がかっていて、たしかに蓮華を思わせる。一つ一つは美しいのに、草むら一面に生えていて、見返る人もいない。サラシナショウマと同じく若葉は食べられると思うのだが、もはや摘む人もいないだろう。

レンゲショウマ　キンポウゲ科の多年草／花期：7〜8月。福島から奈良の太平洋側深山に生える。花の形や色がハス（蓮華）に、葉がサラシナショウマに似る。

8月5日・6日

鷺草

鷺と同じく鷺草にも、なかなか対面できないが、いちど見たら忘れられない。白い花の距《きょ》が長くのびて、両端が細く裂ける。鷺が羽根をひろげたのとそっくり。花にもまして葉が珍しい。形が刀のようで、茎のところに鞘をもっており、なおのこと刀を下げたように見える。その先っぽに鷺が飛ぶわけだから、園芸家が珍重しないはずがない。鷺に似ているので鷺草では能がないから、学のある人が「鵞毛《がもう》鳳花」と名づけた。やはりコリすぎで、あまりひろがらずに終わったようだ。

サギソウ　ラン科の多年草／花期：7〜8月。湿原に生える。花は、純白で、白鷺が翼をひろげて飛ぶ姿に極めてよく似ている。

8月7日

木槿

芭蕉が奥の細道の途上で詠んだ「道のべの木槿は馬にくわれけり」でおなじみだ。馬がパクリと食べるとすると、足元に咲いているように思いがちだが、落葉の低木ながら見上げるぐらいのところに花をつける。

ふちが白く、中にいくほど薄紅から真紅になり、血脈のような筋を引いている。漢方ではつぼみを乾燥させ、煎じ薬にするから、それなりの匂いがあって、馬の鼻が嗅ぎとったのかもしれない。江戸のころ日本の馬は小柄で、意地が悪く、気が向かないとテコでも動かず、旅人を困らせたそうだ。芭蕉の馬も、わざと道草をくったのかもしれない。

ムクゲ　アオイ科の落葉低木／花期：7〜10月。ハイビスカスの仲間で、夏の代表的な花。日向を好み、寒さにも強い。花は1日でしぼむ1日花。中国原産。

8月8日

猿滑

寺の境内などによく見かける。観賞用として中国からもたらされたとき、まず寺に植えられたのだろう。高さが数メートルになり、横に分枝するので、ひろい場所がいい。木の肌が人肌のようになめらかで、お参りにきた人を楽しませる。コブを手がかりに、子供には木登りの冒険ができる。

別名を「百日紅《ひゃくじつこう》」というのは、あざやかな紅の色をつけるからで、それが百日に及んで咲きつづける。たまに白い花をつけるのがあって、ときならぬ雪をいただいたように見える。緻密な堅い木で、観賞だけでなく、細工物にも役立ってきた。コミカルな名前だが、いたって働き者の植物なのだ。

サルスベリ　ミソハギ科の落葉小高木／花期：7～10月。花期が長いことから百日紅の漢名がある。「猿も滑る木」とも。中国原産で江戸時代に渡来。

8月9日

悪茄子

北アメリカ原産が、たくましくひろがった。地下深くに根をのばし、どんなにひっこ抜いても、またもや出てくる。茎には鋭い刺があって、この点でも厄介だ。牧野富太郎も手をやいて、始末の悪い草の意味で「悪」をつけて命名したらしい。

たしかに道端や畑のへりに生えていて、すきあらば田畑に進入するけはいである。悪タレどものようだが、星形をした白い花は、それなりに悪くない。小つぶのナスのような実は愛嬌がある。左右交互についていて、チビどもが横棒にしがみついてるようで、つい手をのばして頬ペタをつつきたくなる。

ワルナスビ　ナス科の多年草／花期：6〜10月。花はナスに似て可憐だが、葉と茎には刺があり、悪なすび、鬼なすびと名づけられた。北アメリカ原産。

8月10日

尾瀬水菊

尾瀬は標高二三五六メートルの燧《ひうち》ヶ岳の南にひろがり、わが国最大の高層湿原地帯である。四〇〇にあまる池沼が点在して、ミズバショウ、ショウジョウバカマなどの湿地植物が群生している。明治三十八年（一九〇五）、植物学の武田久吉が山岳会誌に尾瀬紀行を発表して、秘境を紹介した。はじめて尾瀬に入ったとき、その壮麗な自然のたたずまいに、武田久吉は「茫然自失」したそうだ。

尾瀬水菊は水菊の変種。もともと尾瀬は只見川の最上流部が燧ヶ岳の溶岩でせきとめられてできた。孤立したなかで交配を重ねるうちに、変種を生み出したと思われる。

オゼミズギク　キク科の多年草／花期：8〜9月。山地の湿地に生える水菊の変種で、尾瀬と東北地方の高山に分布する。

8月11日

竹縞蘭

どの花も虫を誘いこむ秘術をそなえているものだ。巧妙な愛の罠といったけはいさえある。アングリと口をあけ、虫がつい奥へ奥へともぐりこむと、そのはずみで袋が裂け、粘液をしたたらせたりする。

タケシマランの花は淡い緑色。つぼみは上向き、開花すると下に向く。人間の場合の愛の罠は、しばしば人生を狂わすが、虫たちは罠に落ちてもよろこびがあるだけのようで、満足げに飛び立っていく。ていよく仲介役をさせると、あとは花を閉じて結実をまつばかり。まん丸で赤い実が鈴なりになる。

タケシマラン　ユリ科の多年草／花期：5～6月。花は淡緑色でつけ根がやや赤みがかり、地味で小さい。実は、球形で赤く熟す。

8月12日

河原母子

河原の砂地などを歩いていると、へんなものと出くわす。水中の藻が陸に上がってきたぐあいで、水色のヒモのようなものがもつれ合っている。よく見ると細くのびた葉で、全体に綿毛が密生している。茎の先端に綿をつまみとったような白い花をつけている。

ハハコグサには山型と河原型があって、こちらは川っぺりの産。ともに痩せ地に生えるので、栄養補給の効率をきわめていくと、全身がヒモ状になるらしい。河原のものは枝が分かれ、もつれ合ったぐあいだが、ヤマハハコはあまり分枝せず、葉の幅がやや厚い。親戚同士でもスタイルが少しちがうのがおかしい。

カワラハハコ　キク科の多年草／花期：8〜10月。河原でよく見られる。川の氾濫の影響をあまりうけない場所に多い。

キツネノカミソリ　ヒガンバナ科の多年草／花期：8〜9月。夏の終わりに忽然と姿をあらわす花。春先に飛び出す白みがかった葉を狐の剃刀にたとえた。

8月13日・14日

狐の剃刀

奇抜な名前をいただいているが、黄赤色の花がラッパ状に開くと日本産チューリップのようであでやかである。ヒガンバナ科の多年草で、春になると卵形をした株から細くて長い葉を出し、夏には枯れる。かわってまっすぐのびた茎の先が分かれ、それぞれが横向きに花をつける。葉がナギナタ形の日本剃刀に似ているところから、「カミソリ」がついたのはわかるが、どうして狐がくっつくのか?

ヒガンバナもそうだが、思いがけないところに突如としてあらわれ、はなやかな姿を見せたあと、やにわに消えてしまう。狐のしわざのような気がするせいだろうか。

8月15日・16日

雁金草

空地や山道にスイスイのびている。茎が枝分かれて、さらに葉のつけ根から細い枝が出て、その先っぽに青紫色の花がつく。どの枝も二つか三つに分かれていて、しきりに歓迎の手を振っているかのようだ。

がくが鐘の形で、筒状の花冠が二つに分かれて大きく開く。その形が家紋の「雁金」に似ているので名づけられたそうだが、「雁金」と「借金（かりがね）」は音が同じで、へんな連想をしてしまう。なかなか繊細なつくりの花だが、鼻につく匂いがあって、虫たちには香水なのだろうが、人間にはあまりうれしくない。うっとり見とれるというわけにはいかないのだ。

カリガネソウ　クマツヅラ科の多年草／花期：8～9月。青紫色の花の形は独特で、おしべ、めしべの花柱が弓なりに突き出ている。

8月17日

丁子菊

丁字油というのがあった。フトモモ科の丁字のつぼみや実からとった油だそうだ。独特の匂いがあって香料にも使われた。
　その「丁字」が菊にあてられたのは、香りが似ているせいだろうか。へんな花であって、細くて白い毛につつまれた中に黄色い花がのっている。湿っぽい林間に多い。枯れると白い毛につつまれて、不思議な雰囲気をたたえている。

チョウジギク　キク科の多年草／花期：8〜10月。湿気の多い土地に生育。細長く白い毛に覆われた花柄の先に黄色い花がつく。その姿は丁子（クローブ）の花に似ている。

8月18日

待宵草

北アメリカ原産というが、江戸のころすでに渡ってきて、空地や道ばたに生えていた。「宵を待つ」といった風雅な名前を受けたのは、夕方になると開花するからだ。別名が「月見草」、あざやかな黄色の花弁は、月光をそっくり吸いとったふうで、こういったことには女性がとくに敏感だ。

月見草《ぐさ》花のしをれし原行けば
日のなきがらを踏むここちよさ　（与謝野晶子）

たしかに夕方の花だが、夏の終わりちかくになると昼でも咲いている。陽光の衰えがさせるのか、それとも花のなかの変わりものか。

マツヨイグサ　アカバナ科の越年草／花期：5〜8月。夜咲き種。月見草の名前がすでに使われていたため、夜に咲く花のイメージで名づけた。北米原産。

8月19日・20日

夏海老根

春から初夏にかけては植物の勢いがいいが、盛夏には勢いがとまる。むせ返るばかりの暑さで、草木もまた息切れして、花もしおれぎみ。

ナツエビネは名前に「夏」をいただくだけあって、珍しい例外である。春咲きのエビネと季節を一つずらして夏に咲く。北海道でも九州でもそうだから、夏族というものだろう。春のあいだは息を殺して無駄を省いているのか。それともスローモーなのが、いつしかべつの習性を身につけたのか。ものみな勢いづく春は、あえて競争しないという戦略なのか。

ナツエビネ　ラン科の多年草／花期：7〜8月。エビネは通常は春咲きだが、これは北海道から九州までの山地に分布するエビネで唯一の夏咲きのもの。

キハギ　マメ科の落葉低木／花期：7～9月。卵形、または楕円形の小葉で先が鋭く尖っている。花は淡黄白色で、中に紫紅色の部分がある。

8月21日・22日

木萩

ハギがどうしてマメ科なのか。英名は「ブッシュ・クローバー」だから木でありながら葉がクローバーというわけだ。枝をなびかせる姿が優雅で、花が一面につくと、紅を散らしたように見える。

ハギ、キキョウ、オミナエシ……古人が秋の七草のトップに扱ったほど、いたるところに生えていたのだろう。山萩はあちこちの山野で見かけたが、キハギはどこがどうちがうのか、よくわからない。

8月23日・24日

蕎麦菜

山菜採りが趣味といった友人をもつと、季節がくるたびに新聞紙でくるんだのがドッと届く。かぎられた時節にワッと出るので、勇んで山に入り、むやみに収穫するからだ。わが家に持ち帰っても、さして歓迎されない。一度、二度はともかく、山菜料理が三度つづくとウンザリする。

「あそこにも送ったら」

奥さんはよく知っていて、先手を打って減量を図るわけだ。「“ソバナ”のおいしい食べ方」とメモがついていたりする。用途はかぎられていて、御飯にまぜたり、お汁に浮かしたり、テンプラにしたり。野性のものに特有の苦味があって、口中にほんのりと自然の香がひろがっていく。

ソバナ　キキョウ科の多年草／花期：8～9月。山菜として若芽をゆでて飯にまぜたり、汁の実として食べる。切り立った崖（岨：そば）によく生え、岨菜とも書く。

8月25日

屁屎葛

つる性の多年草で、原野などにビッシリとひろがっている。かき分けていくと、葉液が悪臭を放ち、つるが手足にまといついて厄介だ。「屁」に加えて「糞」まで名にいただいたのは、立ち往生した人が腹立ちまぎれに命名したのではあるまいか。

重なり合った葉のあいだからラッパ形の花がのぞいている。全体は白だが、中心部が紫がかっている。お灸をすえて、かさぶたがとれると、そんな色合いになるらしく、「灸花《やいとばな》」の異名がついた。

灸花子供のひねりすてにけり（斗周）

いたずらをして、やいとをすえられた前歴があるのかもしれない。

ヘクソカズラ　アカネ科のつる性多年草／花期：8〜9月。人里の藪や雑木林のふちなどでごくふつうに見かける。葉などをもむと、悪臭がするのでこの名がある。

8月26日

盗人萩

人間と同じように、花にも器用・不器用があるようだ。間抜けがいればチャッカリ型もいる。「ヌスビトハギ」は器用で、かつ抜け目のないタイプだろう。実に鉤《かぎ》の毛をもっていて、動物の毛や人の服にくっつき、労せずして種を散布する。

葉の形によってヤブハギとも呼ばれるように、藪などに細い茎をのばしている。総状に花がつくと可憐に見える。半月形の実を盗人の足跡に見たてたらしいが、足跡は盗人とかぎるまい。何かの思惑で忍び歩いていて、いつのまにか実にくっつかれ、それが証拠になってアシが割れた仕返しではあるまいか。

ヌスビトハギ　マメ科の多年草／花期：7〜9月。果実は半月形で表面にかぎ型の毛があり衣服などにつき、種子を散布。半月形の実の形を盗人の足跡にたとえた。

8月27日・28日

黄釣舟

沢筋などにやわらかい緑を繁らせている。葉のわきからぶら下がるようにして黄色い花が出る。二つの花弁が大きく左右にあって、小舟の底板といった感じ。それが宙に揺れているわけだから、なるほど、黄の釣舟というものだ。

一年草であり、種子で子孫をつたえていく。なるたけひろがるためには、種子をとばす必要がある。実が熟して弾けるとき、破裂の勢いが噴射エネルギーになって種子をまきちらす。人間の発明した機械に同じ原理のものはいくらもあるが、キツリフネのバネのような愛らしいものは、とても望めない。

キツリフネ　ツリフネソウ科の1年草／花期：6〜9月。山地の湿った所に群生する黄色のツリフネソウ。花は大きな唇形になっている。

8月29日・30日

深山鶉

せいぜい二十センチほどだが、葉は地面に這う感じで、茎だけがキリンの首のようにのび、キリンのたてがみのように白い花が一方に偏ってつく。小さいながらラン科に特有の華やかな形をしていて、花弁を手招きするようにのばしている。

「深山」とあるが、公園などでもよくお目にかかる。「鶉《うずら》」は葉の模様が鶉の羽に似ているせいだというが、実際はあまり似ていない。茎が横に這っていて、そこから急に突っ立つのが、鳥の動きを思わせるせいではあるまいか。どうして一方にだけ花がつくのか、きっと花にはそれなりの理由があるのだろう。

ミヤマウズラ　ラン科の多年草／花期：8〜9月。葉脈に沿って白い模様があるのを鶉の羽の模様にたとえた。「深山」とつくが、身近な低山に自生。

8月31日

露草

道端や家のまわり、畑や河原など、全国いたるところに生えていて、日常でもっとも見慣れた花である。茎が枝分かれして、地面を這い、途中からななめや上へとのびていく。青紫の花は三枚の花弁のうちの二枚が上に大きく出て、藍色の頭布のようだ。

ほかに青花、藍花、蛍草、帽子草などと、いろんな名がある。万葉集には「月草」として出てくる。草が一日でしおれるところから、露のはかなさになぞらえられたのか。

移り行く色をば知らず言の葉の
名さえ徒《あだ》なるつゆくさの花（山家集）

ツユクサ　ツユクサ科の1年草／花期：6〜9月。花が咲くのは早朝で午後にはしぼむ。花汁を染物に使っていたため、「ツキクサ」と呼ばれていた。

九月

二百十日 1
禾乃登 2
(こくもの、すなわちみのる) 3
4
5
6
7
草露白 8
(くさのつゆ、しろし) 9
重陽 10
(ちょうよう)
二百二十日 11
12
鶺鴒鳴 13
(せきれい、なく) 14
15
16
17
玄鳥去 18
(つばめ、さる) 19
彼岸入り 20
21
22
雷乃収声 23
(かみなり、すなわちこえをおさむ) 24
25
彼岸明け 26
27
蟄虫坏戸 28
(むし、かくれてとをふさぐ) 29
30

白露 (はくろ)

草に宿った白露が、月の光をあびている。虫の音も涼やかな秋の夜。

黄蓮華升麻（キレンゲショウマ）
ユキノシタ科の多年草。

秋分 (しゅうぶん)

空は高く青く澄み、校庭から子供の歓声が聞こえる。木々の実もいろづきはじめた。

9月1日・2日

吾木香

根が漢方で「地楡《ちゆ》」と呼ばれて重宝がられた。止血・収斂に効く。花は濃い紫で穂のようにつく。がくが裂けて花弁のように見えるだけで、もともとは花弁をもたない。「玉鼓《ぎょくこ》」といったのは、花の形のせいだろう。

『源氏物語』には「老をわするる菊」や「衰え行く藤袴」と並べて「物げなきわれもこう」などといわれている。夏の終わり、涼しい風が吹き出すころ、ススキや、カルカヤとともに目につくので、さびしさの思いが託されたものか。それかあらぬか「我毛香」「吾亦紅」の字をあてたりする。

霧の中おのが身細き吾亦紅（多佳女）

ワレモコウ　バラ科の多年草／花期：8〜10月。陽当たりのいい山野の草地に生え、暗紅紫色の小さな花が集まった穂は坊主頭のよう。吾亦紅とも書く。

9月3日

黄花秋桐

涼しい風が吹き出すと、街路樹が微妙に色を変えていく。葉がつやを失い、かさついて、やがて毎日、落葉をはじめる。そのぶんだけ頭上が開け、庭がひろくなっていく感じである。

このころに花をつけるのが秋桐。白い花が朝顔の形をしていて、桐の花に似ているところから、この名がついたのだろう。白ではなく黄色の花をつけるのがキバナアキギリ。

目を上げると秋の空。無限に遠い青空に軽いめまいを覚えたりする。

キバナアキギリ　シソ科の多年草／花期：8〜10月。日本産のサルビアの仲間。キリの花に似た秋咲きの花アキギリとよく似た黄色い花をつける。

9月4日

葛

カゼ薬「葛根湯」でおなじみ。文字どおりクズの根で解熱の効用をもつ。葛粉としても使われてきた。つるが強靭で、これを繊維にして葛布をつくった。
この秋の七草の一つは、古くから日本人の暮らしの友だった。山野のいたるところに生えていて、毎日のように見かけたのだろう。葉の裏が白っぽくて、風にあおられると裏返しになる。「裏見」が「恨み」にかけられ、となると、おのずと恋ともかかわってくる。

秋風のふきうらがえすくずのは
のはのうらみても猶うらめしき哉（古今集）

クズ　マメ科の多年草／花期：7〜9月。河原や野原で木などにからまって繁茂する。つるは強靭。大きく太い根からは葛粉がとれ、葛根湯などの漢方薬にも。

9月5日

白鬚草

ユキノシタは薬草として親しまれてきた。葉はあぶって、やけどやハレものに貼りつけた。冬場のしもやけに欠かせない。葉をしぼった汁は百日咳に効く。みみだれの子供は苦いのを飲まされた。

実際にどれほどの効能があったものか。薬草として聞こえていたからには、たしかに効いたのだろうが、一つにはユキノシタ科におなじみの白い鬚のような花が信頼を誘ったのではあるまいか。仙人の鬚に似ていて、深山の薬草のスペシャリストというものだ。その花をしるしにする大葉であって、なんらかの霊験をおびているにちがいない。

シラヒゲソウ　ユキノシタ科の多年草／花期：8〜9月。山地の湿性地に生える。花びらが糸状に細かく裂けているのを白い鬚（あごひげ）に見立てた。

9月6日

南蛮煙管

ススキやミョウガの根に寄生する。この手の植物は生き方とともに形態も独特なもので、ナンバンギセルはまさしくパイプのごとし。長い花柄が二十センチちかくのび、先に筒状の花。横向きだったのが、がくがななめ下にのびてくる。

古人には物思いにふけっているように見えて、思草《おもいぐさ》と呼んでいた。オランダからキセルが渡来したとき、へんな喫煙具とそっくりの植物を思い出した。ひとたび滑稽を連想すると、もう二度と元にはもどらない。だから古歌に「おもいぐさ」が出てきても、それがナンバンギセルとはとても思えない。

ナンバンギセル　ハマウツボ科の1年草／花期：7〜9月。花と草姿が、陶器製のパイプ（煙管）に似ている。ススキやミョウガなどの根から養分をとる寄生植物。

9月7日・8日

小梅鉢草

紋所の一つに「梅鉢」というのがあるが、花がそれに似ているところから名がついた。というよりも、梅の花を図案化して紋の一つをつくったところ、梅に似た花をつける植物に気がついて、あらためて紋所にもとづいて命名したということだろう。

草地なら、どこであれ目にすることができるし、茎の先に一輪つけて、つぼみのときは白い玉状、開くと梅にそっくり。高所になると全体が小つぶになって、つぼみの玉がなおのこと愛らしい。花弁が落ちると超ミニのハスに似てくる。手をすぼめたような葉が下から見上げている。

コウメバチソウ　ユキノシタ科の多年草／花期：8〜9月。ウメバチソウの高山型の変種。円心形の葉は根葉に柄があり、花は梅鉢の紋に似ている。

9月9日

実葛

マグノリアというとおシャレっぽいが、木蓮《もくれん》とくると、とたんに渋くなる。しかし木蓮の英名がマグノリアであることは事実である。「白《はく》木蓮」や「紫《し》木蓮」が知られているが、同じモクレン科の変わり種がサネカズラで、つるをのばしてのびる。

昔の人はよく見ていて、つるが粘液を出すことに気がついた。しかも花に似た香りをもっている。鬢《びん》つけ油として商品化した。「美男葛」とも呼ばれたのは、そのせいだろう。化粧品はネーミングが大切であって、コピーライターが「美男」を取りこんで宣伝したのではあるまいか。

サネカズラ　モクレン科の常緑つる性低木／花期：7～8月。茎はつる状にのびる。つるから出る粘液を鬢付け油の代用にした。「美男葛」とも。

9月10日

田村草

珍しく人間くさい名前で、まるで田村さんとこ専用のようだが、「多紫草《たむらさき》」が訛ったという。「玉箒草《たまぼうき》」が転じたとする説もある。地に這うように葉をのばすので、たしかに箒に似ている。花はアザミのような紫色で「多紫」とも呼べるだろう。

アザミにはトゲがあって、うっかり手をのばすとチクリとくるが、タムラソウはトゲがなく、たしかにこの点、好人物の田村さんの花といったおもむきがある。

タムラソウ　キク科の多年草／花期：8～10月。山地の陽当たりのいい草地に生える。花も葉もアザミに似ているが、刺はない。

9月11日

山鳥兜

山菜としてニリンソウは人気ものだが、猛毒のトリカブトとよく似ている。同じキンポウゲ科で、里山や林、川沿いにまじって生えているので、なおのこと厄介だ。当然のことながら根もそっくりで、しかも毒成分がもっとも強いときている。

花をつければ、たちどころにわかる。ニリンソウは白い五弁の小花、トリカブトは紫色で袋状。そしらぬふりをしていた犯人が正体を暴露したぐあいだが、花に関してなら、こちらのほうが、だんぜん美しい。舞楽のかぶりものの「とりかぶと」になぞらえたのも、もっともである。善なる人よりも悪をもつ人のほうが、人間的魅力にまさり、つき合っておもしろいのと同じである。

ヤマトリカブト　キンポウゲ科の多年草／花期：8～10月。花は舞楽の伶人がつける冠の「鳥兜」に似ている。根はアルカロイドを含み猛毒。

9月12日

岩菖蒲

ユリ科だが葉がサヤ状で、サトイモ科のショウブに似ている。大きな山の湿原などに生えていて、ついまちがえるが、ショウブは里の花、イワショウブは山の住人。よく見ると、サヤのぐあいが里はやわらかく、山では鋭い。風や雪や寒気がつくり出した鋭角をおびている。

イワショウブが白い小花をつけるころが山の秋である。里では猛暑がつづいていても、山ではとっくに夏が終わっている。雨がないのに、湿原に水がたまっていたりするのは、植物がもう水を吸わなくなったからだ。枯れるだけであれば、もう求めない。老いても食欲だけは旺盛な人間とは大ちがいだ。

イワショウブ　ユリ科の多年草／花期：8〜9月。高亜山の湿原に生える清楚な花。葉がショウブに似ていて、区別のために「岩」がついた。

9月13日

杜鵑草

寒さに弱いのか、東北や北海道では見かけない。湿っぽい林などで、ギクシャクと茎をのばしている。その折れたところから小枝が出て、筆先に似たつぼみがついている。よく見ると濃い紫色の斑点があって、昔の人は「油点草」とよんだ。「しぼり染の如し」などともある。

開花すると斑点のある花弁が大きく反り返り、花火が一点にとまったようだ。ホトトギスの腹に横斑があることから、ホトトギスの名がついたそうだが、かつては動物と植物が天地の呼吸をともに、同じような意匠を競っていたらしい。

ホトトギス　ユリ科の多年草／花期：8〜10月。花は噴水のような形で、白地に濃い紫斑があり、鳥のホトトギスの胸紋に似ている。

9月14日

山路の杜鵑草

「ヤマジノ」がつくホトトギスは北海道にも見かける。葉は同じようだが花がちがう。柄に剛毛が密生していて、花弁が白い。斑点があるのは同じ。派手やかに開くと、あられもない風情で中心部がせり出してくる。とりわけそこに黄色い斑点がひしめいていて、ブランド物のアクセサリーを思わせる。

昼間でも暗いような林に多い。木漏れ日が筋を引いて射し落ちたなかに、華麗なアクセサリーがちらりと見える。葉が半欠けだったり、穴があいていて、落魄の令嬢が最後のおシャレをしたぐあいなのだ。

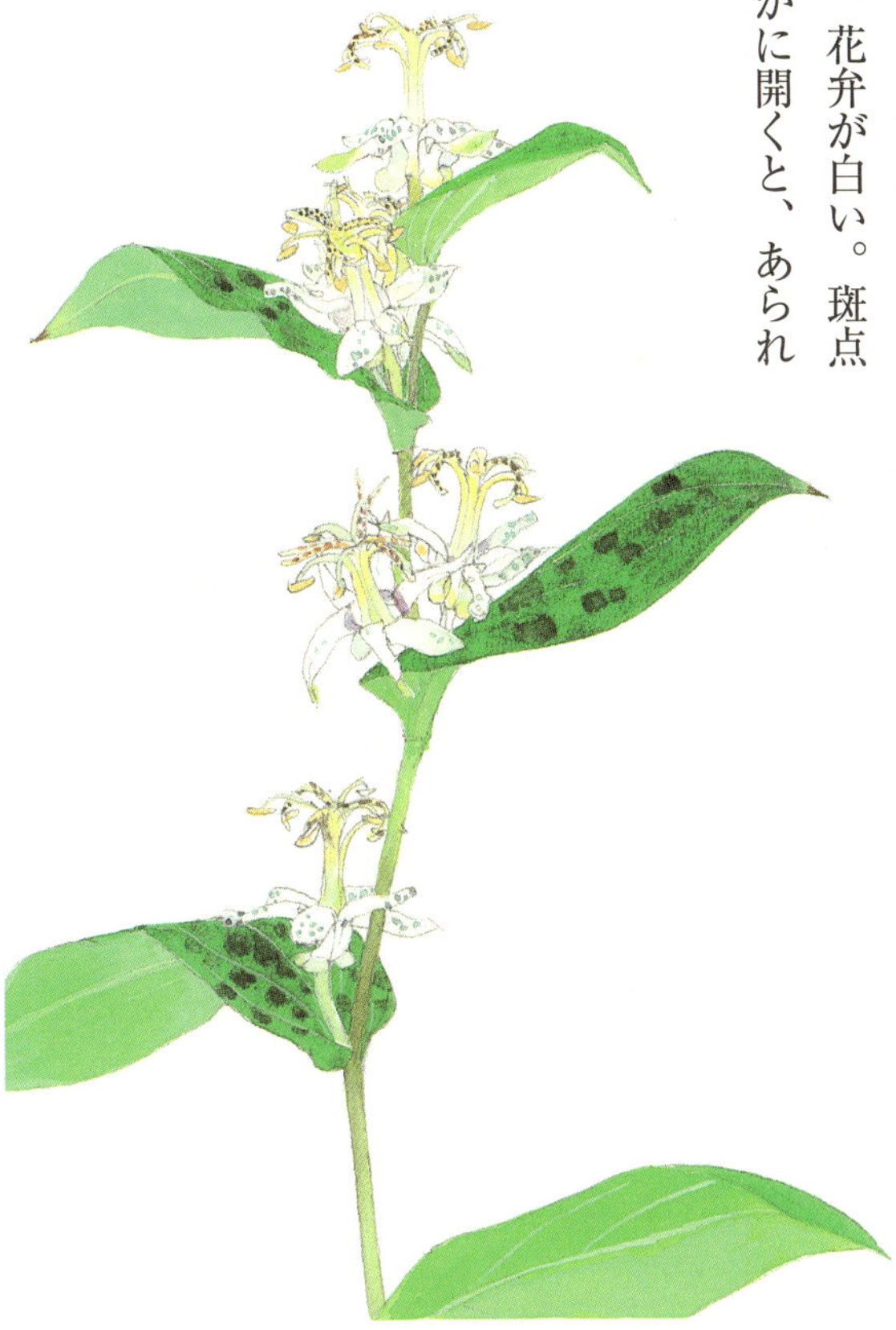

ヤマジノホトトギス　ユリ科の多年草／花期：9～10月。ヤマホトトギスと似ているが、花びらが水平に開き、花は枝分かれしない。

9月15日・16日

萩

「枕草子」にいわく、「萩、いと色ふかう、枝たをやかに咲きたるが、朝露にぬれてなよなよとひろごりふしたる…」たしかに枝を隠すほど一面に花をつける。紅紫、あるいは白で、形は蝶に似ている。鹿の鳴き声がするころに咲き出すので「鹿鳴草《しかなきぐさ》」ともいった。あるいは鹿の妻で「鹿妻草」。

日本人がもっとも親しんできた草木の一つだが、現在、一般にハギとされているのは、各地の山野に生えている「山萩」であって、「枕草子」にいわれているのはべつの萩のようだ。そういえば朝露にぬれて「なよなよと」といった形容が、どうもぴったりこない気がしていた。

ハギ（マルバハギ）　マメ科の落葉低木／花期：8〜10月。秋の七草の1つ。花は葉のわきにかたまってつく。古くから親しまれ、歌にもよく詠まれている。

9月17日

蔓穂

植物の生態を見ていくと、条件に合わせて生きのびていく知恵をそなえていることがわかるものだ。ツルボは春と秋の二度にわたって新しい葉をつける。人間のように衣更えをするわけだ。夏にいちど葉を枯らしてから、

花のあとでまた芽ばえして葉をのばす。そのためのエネルギーを鱗茎にたくわえておく。リタイヤー後のおとうさんのように「第二の人生」の用意をしておく。

二度目の葉は当然のことながら、やや小柄で、艶に乏しい。鱗茎がデンプンを含んでいて、食用になる。それなりに役に立つところなども第二のおとうさんとそっくりである。

ツルボ　ユリ科の多年草／花期：8〜9月。陽当たりのいい草地に群生することも多い。春に出す葉は1ヶ月程度で枯れ、花のあとに2度目の葉を出すものもある。

9月18日

藤袴

川沿いのうねうねした道を歩いていると、思い出したように小さな集落があらわれる。典型的なわが国の里のたたずまいだが、いまはそこに点々と朽ちかけた廃屋がまじっている。雑草が繁った門口に、ふと藤袴を見つけると救われた気持がする。

小さな花がかたまり合って花束のようで、薄紫色の清楚な花に白い冠毛が星のように散っている。淡い芳香があって、家の人がいたころは切花にしたり、通りすがりにちょっと鼻を近づけたりしたのではあるまいか。人のけはいのないところの花は「野の露にやつるるふぢばかま」（源氏物語）が合っている。

フジバカマ　キク科の多年草／花期：8〜9月。細い筒状の小さな花を多数咲かせる。生乾きにすると桜餅の桜葉に似た香り。秋の七草の1つ。

9月19日・20日

釣舟草

沢沿いによく出くわす。花がへんなぐあいについている。朝顔形で紅色をしたのが茎の先っぽからロープで吊るされたぐあいで、しかもお尻がクルリと巻いている。花器にそんなのがあって命名されたらしいが、たしかに釣り上げた格好である。

キツリフネの兄妹分であって、こちらはいたって愛嬌者だ。茎の節が太く、上にいくほど細まって、クレーンが順にのびていったかのようだ。人間の発明品は猛々しくて実用一点ばりだが、植物界のクレーンは優雅に腕をのばしている。

ツリフネソウ　ツリフネソウ科の1年草／花期：8～9月。山の湿地に生え、群生することが多い。細い柄に花がぶら下がっていて、それが花器の釣舟に似ている。

9月21日

彼岸花

ヘンな花である。ある日、突然、田のあぜや道端や庭先にニョキリと出ている。本当は突然に出たわけではないのだが、気がつかなかった。気づいたときは、もう先っぽに可愛いつぼみをつけていた。

へんな花だが、とびきり楽しい花である。幼いころに茎を小さく折りながらネックレスをつくった人もいるだろう。すぐにしおれるから、一日かぎりのブランド物だ。花火のようにサンランと開花して虫をおびき寄せるが、これは結実しない。徒花《あだばな》で終わる。出てきたときと同じように、ある日、あとかたもなく消えている。

ヒガンバナ　ヒガンバナ科の多年草／花期：9〜10月。彼岸のころ、赤い花が咲く。咲くときに葉がなく、花後に出て春枯れる。有毒。別名：マンジュシャゲ。

9月22日

白花曼珠沙華

中国から渡来してきたらしい。西日本ではよく見かけるが、北へ行くほど少なくなるのは、寒さに弱いせいだろう。「曼珠沙華」なとど抹香臭い字をあてるのは、お彼岸のころに咲くので、ホトケの花に見立てたせいだ。

地中に鱗茎を寝かせていて、旺盛に子孫をふやしていく。頭に「白花」とつくのがあって、ごく少数派だが、それだけよけいに珍重がられる。まっ赤な仲間のなかのおとなしいタイプの娘のようで、折りとるのに躊躇する。マンジュシャゲの咲くところには、どこか昔ながらの雰囲気が残っていて、赤白の花の向こうに懐かしい風景がある。

シロバナマンジュシャゲ　ヒガンバナ科の多年草／ヒガンバナの白花種。形はほぼ彼岸花と同じだが、花びらはそれほどは反り返らない。葉もやや幅広。

トサジョウロウホトトギス　ユリ科の多年草／花期：9〜10月。茎は垂れ下がり、先端に1〜3個の花を下向きに咲かせる。花は全開せず、内側に紫褐色の斑点をもつ。

9月23日・24日

土佐上臈杜鵑草

ホトトギスは自生地がかぎられている。関東と福井以西であって、中部地方には見られない。なかでも高知県の一帯にだけ生えているのがあって、なぜか「土佐上臈」などと大層な名をいただいている。大きく長い楕円形の葉が上臈クラスの御殿女中を思わせるのか。湿っぽい北の斜面などで見受けるそうだ。花は濃い紫斑があって鐘の形をしており、やがて三方に黄や紫が花火のように開火する。御殿女中が羽織をとったとき、あでやかないで立ちがあらわれたといったところか。

9月25日・26日

麝香草

ジャコウソウの花は筒形をしていて、花冠が長い。先端が唇のように反り返る。まん中で二裂していて、雨後などに濡れていると、紅をつけた女性の唇のように生々しい。

鹿の一種で「麝香鹿」と呼ばれるものは独特の分泌腺から匂いを出す。その鹿からとってつくったのが麝香という香料。そんな香料にちなんで名づけたのは、花の形と色調、それに湿気の多いところに咲いていて、踏みこむとムッとするような匂いにつつまれるせいだろう。暑さにむせるようなときには、ちょっとヘキエキするものだ。

ジャコウソウ　シソ科の多年草／花期：8〜9月。山地の湿ったところに生える。茎を振ると、わずかによい香りがする。

9月27日

草牡丹

牡丹を名のっているが、ボタン科ボタンの木とは縁もゆかりもない。葉が似ているだけ。こちらはキンポウゲ科の多年草で、ニリンソウの仲間である。花は紫色で、四つのがくをもつ。それが反り返ったりして、そのあたりが豊艶な牡丹を思わせるのか。
泉鏡花に「草迷宮」という小説がある。ペンネームに花をもつだけ、鏡花は山野の草花を好んで物語に取り入れたが、そこでは山野の地霊が草花に化けたぐあいで、しばしば怪異が起きる。反転するがくをもつ花など、鏡花の好みにぴったりだったことだろう。

クサボタン　キンポウゲ科の多年草／花期：7〜9月。山地の草原や林に生える。淡紫色のがくが4枚の小さい花。時間が経つとがくが反転する。葉がボタンに似ている。

9月28日

犬蓼

草地を歩いているとき、つま先をひっかけられたりするものだから、たいていの人はジャマっけな雑草として蹴ちらすのではあるまいか。「イヌタデ」といった名前にも、多少とも軽んじたけはいがある。

しかし、よく見ると、なかなかたのしい花である。茎が地面を這い、それから節を一つ、また一つとのばしたように上をめざす。先端に穂の形で淡い紅の花がつく。小粒を重ねているうちに重くなって、稲穂のように頭を垂れる。道ばたにズラリと生えていて、いっせいに頭を垂れている風景は、なかなかオツなものだ。こんなに自分に恭順を示してくれる生きものは天下に二つとないだろう。

イヌタデ　タデ科の1年草／花期：7〜11月。道端の畑や空き地などにふつうに見られる。紅色の花はアカマンマと呼ばれ、子どものままごとなどに使われた。

9月29日・30日

夏櫨

実を食べたことはあっても花を見たことがない人は多いだろう。初夏のころ、枝先に小さな吊り鐘形が列をつくって下がっているが、大きな葉が隠すように繁っていて、なかなか目にとまらない。そのうち鐘のふちが浅く裂けてスカートのようになる。虫を誘い入れる支度である。

無事に結実したのが山のブルーベリーだ。濃いチョコレート色をした小つぶのサクランボのようで、口に含むと甘酢っぱい。野生のもののつねで、耳のうしろがしめつけられるような苦味がある。おもわず種ごとペッと吐き出すのだが、ナツハゼはそんな人間の食い意地を利用した子孫の元を移していく。

ナツハゼ　ツツジ科の落葉低木／花期：5～6月。実は8～10月で黒。山地に生育するブルーベリーの仲間。黒褐色に熟した果実は甘酸っぱく、食べられる。

あとがき

花の絵を描きだしたのは四〇才も過ぎてから。散歩の折、小さな花をスケッチしたり、お茶の稽古帰りに届けていただいた茶花を描いたり。日本の花と洋花の区別も、花の名前もわからないまま自己流で描いていました。五〇才のときに最初の個展。先の見通しもないまま、五十七才の夏、会社を辞めました。縁あってその年の秋、そして次の年と個展を開催でき、最初の画集も出版されました。まわりの方たちに恵まれ、これまで描きつづけてこられたこと、感謝です。

描くときは、花を目の高さにおき、描きやすい所を探します。そこが、構図も、花の気持ちを汲みとるのにも一番と思っています。

シャープペンシルで上から下へ、ていねいにスケッチします。よく観察し、正確に。枯れた葉も虫喰の穴もそのままに描きます。

一所懸命描きます。花に感謝しながら。

二〇〇六年　二月　　　　外山　康雄

【ま】

木天蓼（マタタビ）……87
待宵草（マツヨイグサ）……155
水芭蕉（ミズバショウ）……70
三葉木通（ミツバアケビ）……51
三葉躑躅（ミツバツツジ）……38
三椏（ミツマタ）……24
深山鶉（ミヤマウズラ）……166
深山苧環（ミヤマオダマキ）……72
深山黄華鬘（ミヤマキケマン）……33
深山桜（ミヤマザクラ）……65
木槿（ムクゲ）……144
虫取菫（ムシトリスミレ）……88
虫取撫子（ムシトリナデシコ）……89
毛氈苔（モウセンゴケ）……112

【や】

破れ傘（ヤブレガサ）……13
山路の杜鵑草
（ヤマジノホトトギス）……183
山鳥兜（ヤマトリカブト）……180
山吹（ヤマブキ）……59
山吹升麻（ヤマブキショウマ）……114
山法師（ヤマボウシ）……74
山杜鵑草（ヤマホトトギス）……136
山紅葉（ヤマモミジ）……86
夕菅（ユウスゲ）……110
雪椿（ユキツバキ）……48
雪の下（ユキノシタ）……100

【ら】

羅生門葛
（ラショウモンカズラ）……55
利尻雛罌粟（リシリヒナゲシ）……124
類葉牡丹（ルイヨウボタン）……60
瑠璃玉薊（ルリタマアザミ）……109
蓮華升麻（レンゲショウマ）……141
蓮華草（レンゲソウ）……66

【わ】

悪茄子（ワルナスビ）……146
吾木香（ワレモコウ）……170

丹頂草（タンチョウソウ）……36
丁子菊（チョウジギク）……154
月見草（ツキミソウ）……111
土筆（ツクシ）……21
燕万年青（ツバメオモト）……47
露草（ツユクサ）……168
釣舟草（ツリフネソウ）……188
蔓蟻通し（ツルアリドオシ）……82
蔓穂（ツルボ）……186
戸隠升麻（トガクシショウマ）……41
朱鷺草（トキソウ）……80
蕺草（ドクダミ）……113
土佐上臈杜鵑草
（トサジョウロウホトトギス）……192

【な】

夏海老根（ナツエビネ）……156
夏櫨（ナツハゼ）……198
苗代苺（ナワシロイチゴ）……106
南蛮煙管（ナンバンギセル）……175
日光黄萱（ニッコウキスゲ）……99
盗人萩（ヌスビトハギ）……163
捩木（ネジキ）……93
捩花（ネジバナ）……122
野薊（ノアザミ）……76

【は】

萩（ハギ）……184
白山千鳥（ハクサンチドリ）……62
薄荷（ハッカ）……139
花筏（ハナイカダ）……49
母子草（ハハコグサ）……77
早池峰薄雪草
（ハヤチネウスユキソウ）……119
彼岸花（ヒガンバナ）……190
一人静（ヒトリシズカ）……37
姫早百合（ヒメサユリ）……73
姫檜扇水仙
（ヒメヒオウギズイセン）……132
瓢箪木（ヒョウタンボク）……90
藤（フジ）……42
藤木（フジキ）……43
藤袴（フジバカマ）……187
屁糞葛（ヘクソカズラ）……162
紅額（ベニガク）……104
紅花（ベニバナ）……108
蛍袋（ホタルブクロ）……125
杜鵑草（ホトトギス）……182

金光花（キンコウカ）……94
銀竜草（ギンリョウソウ）……116
九蓋草（クガイソウ）……102
草橘（クサタチバナ）……53
草の黄（クサノオウ）……54
草牡丹（クサボタン）……196
草連玉（クサレダマ）……121
葛（クズ）……173
熊谷草（クマガイソウ）……79
黒文字（クロモジ）……16
黒百合（クロユリ）……63
小岩鏡（コイワカガミ）……118
小梅鉢草（コウメバチソウ）……176
小鬼百合（コオニユリ）……105
越路黄蓮（コシジオウレン）……23
越路下野草
（コシジシモツケソウ）……96
御前橘（ゴゼンタチバナ）……120
小哨吶草（コチャルメルソウ）……32
小手毬（コデマリ）……40
小葉擬宝珠（コバギボウシ）……140
駒草（コマクサ）……58

【さ】

鷺草（サギソウ）……142
桜（サクラ）……10
桜草（サクラソウ）……9
薩摩芋（サツマイモ）……137
実葛（サネカズラ）……178
猿滑（サルスベリ）……145
猿捕茨（サルトリイバラ）……26
地蝦根（ジエビネ）……67
幣辛夷（シデコブシ）……30
信濃撫子（シナノナデシコ）……129
麝香草（ジャコウソウ）……194
白根葵（シラネアオイ）……29
白鬚草（シラヒゲソウ）……174
白花曼珠沙華
（シロバナマンジュシャゲ）……191
蕎麦菜（ソバナ）……160

【た】

竹縞蘭（タケシマラン）……148
竜田草（タツタソウ）……34
狸蘭（タヌキラン）……70
田村草（タムラソウ）……179

●● 索引 ●●

【あ】

灰汁柴（アクシバ）……117
木通（アケビ）……51
東白金草（アズマシロカネソウ）……20
敦盛草（アツモリソウ）……78
甘茶（アマチャ）……84
碇草（イカリソウ）……18
磯菫（イソスミレ）……44
犬蓼（イヌタデ）……197
岩団扇（イワウチワ）……19
岩桐草（イワギリソウ）……69
岩菖蒲（イワショウブ）……181
岩梨（イワナシ）……35
岩櫨（イワハゼ）……52
臼の木（ウスノキ）……92
羽蝶蘭（ウチョウラン）……98
瓜膚楓（ウリハダカエデ）……56
上溝桜（ウワミズザクラ）……64
売子の木（エゴノキ）……126
蝦夷黒百合（エゾクロユリ）……63
蝦夷の栂桜（エゾノツガザクラ）……131
蝦夷花忍（エゾノハナシノブ）……68
越後瑠璃草（エチゴルリソウ）……46
蝦根（エビネ）……67
燕尾仙翁（エンビセンノウ）……138
大犬の陰嚢（オオイヌノフグリ）……22
大葉黄菫（オオバキスミレ）……45
岡虎の尾（オカトラノオ）……130
翁草（オキナグサ）……12
尾瀬水菊（オゼミズギク）……147
弟切草（オトギリソウ）……128
御山竜胆（オヤマリンドウ）……134

【か】

柿蘭（カキラン）……133
萼裏白瓔珞
（ガクウラジロヨウラク）……50
片栗（カタクリ）……14
雁金草（カリガネソウ）……152
河原母子（カワラハハコ）……149
菊咲一輪草
（キクザキイチリンソウ）……28
狐の剃刀（キツネノカミソリ）……150
黄釣舟（キツリフネ）……164
木萩（キハギ）……158
黄花秋桐（キバナアキギリ）……172
黄輪草（キリンソウ）……83
黄蓮華升麻（キレンゲショウマ）……169

■参考文献

『花の事典　和花』（講談社 編、講談社、一九九三）
『野の草の手帖』（大場秀章 監修、尚学図書 編、小学館、一九八九）
『花の手帖』（福田泰二 監修、尚学図書 編、小学館、一九八八）
『野の草と木と』（冨成忠夫 著、山と渓谷社、一九七八）
『北海道の花』（鮫島惇一郎ほか 著、北海道大学図書刊行会、一九九三）
『山渓名前図鑑　野草の名前　春／夏／秋・冬』（高橋勝雄 著、山と渓谷社、二〇〇二）
『葉形・花色でひける木の名前がわかる事典』（大嶋敏昭 著、成美堂出版、二〇〇二）
『ポケット図鑑　木の花』（大嶋敏昭 著、成美堂出版、二〇〇四）
『カラー高山植物』（白旗史朗 著、東京新聞出版局、一九八二）
『日本の野生植物　木本』（佐竹義輔／原寛／亘理俊次／冨成忠夫 著、平凡社、一九八九）
『日本の野生植物　草本』（佐竹義輔／大井次三郎／北村四郎／亘理俊次／冨成忠夫 著、平凡社、一九八二）
『図説　花と樹の大事典』（木村陽二郎 著、柏書房、一九九六）
『原色牧野植物大図鑑』（牧野富太郎 著、北隆館、一九八二）
『野草図鑑』（山田卓三 監修、北隆館、一九九五）
『山の花１２００　山麓から高山まで』（青山潤三 著、平凡社、二〇〇三）
『葉・実・樹皮で確実にわかる樹木図鑑』（鈴木庸夫 著、日本文芸社、二〇〇五）
『現代こよみ読み解き事典』（岡田芳朗／阿久根末忠 編著、柏書房、一九九三）
『暦の百科事典』（暦の会 編、本の友社、一九九九）

■著者プロフィール

池内　紀　・いけうち　おさむ

一九四〇年兵庫県姫路市生まれ。ドイツ文学者、エッセイスト。おもな著書に『ひとり旅は楽し』（中公新書）、『ぼくのドイツ文学講義』『森の紳士録』（岩波新書）、『町角ものがたり』（白水社）ほか。『カフカ小説全集（全6巻）』（白水社）など翻訳書も多数。

外山　康雄　・とやま　やすお

一九四〇年東京深川生まれ。新潟県浦佐で育つ。二〇〇二年南魚沼郡塩沢町に古民家を再生したギャラリー「野の花館」開設。画集に『折々の花たち　1～4』（恒文社）、『野の花の水彩画』『私の好きな野の花』『野の花　山の花』（ともに日貿出版社）など。

野の花館：新潟県南魚沼市万条新田三七一－一

野の花館ホームページ：http://www.toyama-yasuo.jp/

野《の》の花《はな》だより三六五日《さんびゃくろくじゅうごにち》／上《じょう》

百花繚乱《ひゃっかりょうらん》の春《はる》から木《こ》の葉《は》いろづく秋《あき》

［文］池内《いけうち》　紀《おさむ》

［画］外山《とやま》　康雄《やすお》

二〇〇六年四月二五日　初版　第一刷発行

二〇二一年五月　五日　初版　第六刷発行

発行者　片岡　巌

発行所　株式会社技術評論社

東京都新宿区市谷左内町二一－一三

電話　〇三－三五一三－六一五〇　販売促進部

〇三－三五一三－六一六六　書籍編集部

印刷／製本　図書印刷株式会社

花データ作成協力　富田衛

ブックデザイン　土屋佐由利

これは画家とエッセイストが大好きな野の草花をめぐって共同作業をしたものです。どうか図鑑的な正確さを求めないでください。本書をきっかけにして、草花のすばらしさ、美しさを知っていただけたら、とてもうれしいです。

ISBN4-7741-2716-7 C0025

Printed in Japan